DU
TRANSFORMISME

ET DE LA

GÉNÉRATION SPONTANÉE

ÉTUDE SCIENTIFIQUE ET PHILOSOPHIQUE

PAR

Ch. A. ROHAUT

OUVRAGE PRÉCÉDÉ D'UNE PRÉFACE DU

Dr Michel PETER

Professeur de clinique à la Faculté de médecine de Paris
Membre de l'Académie de médecine

PARIS

LIBRAIRIE J.-B. BAILLIÈRE ET FILS

19, RUE HAUTEFEUILLE, PRÈS DU BOULEVARD SAINT-GERMAIN

1890

DU

TRANSFORMISME

ET DE LA

GÉNÉRATION SPONTANÉE

ÉTUDE SCIENTIFIQUE ET PHILOSOPHIQUE

IMPRIMERIE LEMALE ET Cⁱᵉ, HAVRE

DU
TRANSFORMISME

ET DE LA

GÉNÉRATION SPONTANÉE

ÉTUDE SCIENTIFIQUE ET PHILOSOPHIQUE

PAR

Ch. A. ROHAUT

OUVRAGE PRÉCÉDÉ D'UNE PRÉFACE DU

Dr Michel PETER

Professeur de clinique à la Faculté de médecine de Paris
Membre de l'Académie de médecine

PARIS

LIBRAIRIE J.-B. BAILLIÈRE ET FILS

19, RUE HAUTEFEUILLE, PRÈS DU BOULEVARD SAINT-GERMAIN

1890

PRÉFACE

L'auteur a communiqué à M. le professeur Peter une épreuve d'impression de son travail sur la création des espèces et l'a prié de lui dire, par quelques mots qui serviraient de préface, s'il donnait à cette œuvre son approbation, sous les réserves qu'il jugerait convenables. M. Peter a bien voulu lui répondre en ces termes :

CHER CONFRÈRE,

Vous croyez à la génération spontanée, sous conditions, et au transformisme avec réserves ; moi aussi. Les faits sont évidents pour les organismes inférieurs, et toutes les expériences de Pasteur contre la génération spontanée ne prouvent pas ce qu'il pense ; ainsi du reste que vous l'expliquez.

I.

Et, d'abord, il y a une génération spontanée des maladies — même et surtout de la rage ; — je dis génération spontanée des maladies *à microbes*, et, à fortiori, des maladies *sans* microbes.

Voyons d'abord la tuberculose : Je bacille de Koch n'y est qu'un « produit morbide » et non un « facteur morbifique ». Nous le voyons naître au sein des tissus malades, aussi bien spontanément dans la tumeur blanche des scrofuleux arrivée à un certain degré de son évolution que, expérimentalement, dans la granulation engendrée après six inoculations successives de zooglées sans bacilles : ainsi cinq fois de suite la tuberculose zoogléique sans bacille de Malassez et Vignal, inoculée à des animaux y fait naître des granulations sans bacille ; et, à la sixième génération, cette granulation *sans* bacille, issue d'une zooglée *sans* bacille, donne enfin naissance à des granulations *avec* bacille. Vit-on jamais plus bel exemple d'une génération spontanée, et preuve plus éclatante de cette vérité, à savoir que le bacille est un effet et non pas une cause, un produit et non pas un facteur !

Même démonstration, par les faits cliniques,

de la génération spontanée du bacille aussi bien pour le choléra infantile que pour le choléra indien, les bacilles virgule manquant absolument ou ne se trouvant qu'en nombre dérisoirement infime dans les cas foudroyants où, s'ils étaient *cause,* ils devraient être en quantité proportionnelle à l'effet; et où parce qu'ils sont *effet* ils manquent ou sont peu nombreux, la vie du cholérique ayant été fauchée en peu d'heures et le temps ayant manqué pour la genèse du bacille.

Mais que parlons-nous du bacille ! Voici que celui-ci est délaissé pour l'alcaloïde ! C'est l'alcaloïde qui maintenant est le coupable.

Voici que Chauveau, avec sa sincérité de vrai savant, admet aujourd'hui que le microbe n'a qu'une virulence d'emprunt, qu'il peut la perdre ou la recouvrer suivant le milieu (1) ; ce qui revient à admettre l'activité du milieu vivant et la passivité du microbe ; ce que je dis depuis bien des années soit à l'Académie de médecine, soit à la Faculté (2).

(1) Comptes rendus de l'Académie des sciences pour 1888.

(2) *Bulletin de l'Académie de médecine,* 1883 et 1884. *Semaine médicale,* 1884-85-88.

Voici que Gautier démontre la production spontanée de leucomaïnes, alcaloïdes toxiques, par le jeu naturel de la cellule vivante.

Voici que je démontre la production spontanée des nombreux alcaloïdes du pavot par la cellule de la graine (oléagineuse et comestible) de ce même pavot; graine non toxique, et qui sait fabriquer, avec les éléments qu'elle emprunte non pas au sol, mais à l'air ambiant, de quoi faire tous ses alcaloïdes toxiques! (1).

Les bactéries de la putréfaction se trouvent dans l'intérieur des végétaux sans fissure d'introduction, ainsi que l'a démontré Béchamp à la suite de la congélation, pour les cactus à l'épiderme intact et imperméable ; ainsi que vient de le démontrer un ingénieur civil, Leune, dans la simple et jolie expérience que voici : Il prend une belle pêche, mûre et absolument saine ; il la comprime légèrement avec son pouce, préalablement et soigneusement lavé à l'alcool, puis il enduit la pêche d'un vernis stérilisé, et, au bout de quelques jours, celle-ci se pourrit au niveau du point comprimé ; à

(1) *L'Écho médical*, 1888.

ce niveau se trouvent les bactéries de la putréfaction. Elles s'y sont évidemment formées de
toutes pièces, comme se forme de toutes pièces
et par génération spontanée le streptocoque de
la suppuration au centre des tissus mous dans
le cas de contusion sans lésion de l'épiderme,
et dans la profondeur de l'os, dans le cas d'ostéomyélite sans lésion non plus des parties
molles qui recouvrent et protègent l'os ; comme
se forment de toutes pièces et le pneumocoque
de la pneumonie au premier et au second degré,
et le streptocoque de la suppuration au troisième
degré de la phlegmasie pulmonaire. Ils se forment dans le poumon comme s'y forment les
alcaloïdes toxiques de la respiration, découverts
par Brown-Séquard et d'Arsonval.

Ainsi partout, toujours, dans le microcosme
vivant se voit la génération spontanée d'alcaloïdes et de corpuscules microbiens : ceux-ci
empruntant leur virulence à ceux-là suivant
les circonstances du milieu.

Or, c'est précisément là qu'est le danger de
la doctrine des « virus atténués », puisque suivant le milieu, les virus peuvent se renforcer
aussi bien que s'atténuer, ainsi qu'on le voit

dans la pratique des inoculations charbonneuses, lesquelles donnent parfois le charbon à des animaux qu'on en voulait préserver. La mort de plusieurs milliers de moutons inoculés à Odessa avec le virus Pasteur vient récemment de le prouver.

C'est donc une des idées les plus chimériques qu'on ait jamais lancées dans la médecine humaine que celle des virus atténués ; et cette idée n'est pas seulement chimérique, elle est surtout périlleuse, alors qu'on voit de nos jours, et malgré les plus minutieuses précautions, le vaccin inoffensif avec Jenner qui le prenait *spontanément né* sur la vache, alors qu'on voit, dis-je, le vaccin dégénérant par le fait de cultures successives, donner, parfois, celui pris sur l'homme, la syphilis, celui pris sur la génisse, la septicémie (1).

Qu'arriverait-il si la folie se généralisait d'inoculer à l'homme les virus eux-mêmes, atténués par des manipulations de laboratoire, puis renforcés par la spontanéité de l'organisme vivant auquel on les inoculerait !

(1) *Bulletin de l'Académie de médecine,* 6 août 1889.

C'est cependant ce que l'on a osé tenter pour la rage.

Ici les résultats sont ce qu'ils devaient être; non seulement le chiffre de la mortalité annuelle par la rage chez l'homme, en France, n'a pas diminué, mais il a augmenté, notamment dans le département de la Seine où il a atteint en 1888 le chiffre énorme de *dix-neuf* enragés!

Pour ne pas voir l'évidence on cherche à s'étourdir, par une véritable griserie de chiffres, en considérant comme enragé tout animal mordeur et comme destiné à devenir victime de la rage tout individu mordu. Ce qui est doublement le contraire de la vérité.

On est ainsi arrivé à établir que depuis 1884 (où l'on a commencé les inoculations rabiques) les cas de rage ont fabuleusement augmenté chez les chiens: de 182 qu'il était en 1883, ce chiffre se serait élevé à 301 en 1884, à 518 en 1885, à 604 en 1886, à 644 en 1887, et finalement à 863 en 1888, dans le seul département de la Seine. En présence de cette quintuplation invraisemblable des cas de rage canine, les pastoriens en sont réduits à réclamer l'intervention énergique de la police. Ce qui est l'aveu implicite de leur impuissance.

Comme conséquence de ces faits et de ces raisons il est impossible d'admettre que les inoculations rabiques préservent de la rage, le contraire est le vrai.

Pour en revenir à la génération spontanée, celle-ci est d'une incontestable évidence dans les maladies, les microbes dits « pathogènes » n'existent pas en dehors des organismes malades : ils y naissent et en sortent ; ils en sortent infectés et infectants.

Créés par le milieu et infectés par lui, ils peuvent, dans un autre milieu, changer de forme et changer de propriétés : c'est-à-dire perdre ce qui caractérise l'espèce. Voici donc le MILIEU qui devient « transformateur ».

Ce qui nous amène au « transformisme » démontré par les microbiens.

Exemple : le bacille pyocyanique, le bacille du pus bleu, inoculé dans de certaines conditions à un lapin (c'est-à-dire dans un milieu vivant modifié) « n'a jamais fait apparaître de pyocyanine » et « n'a pas produit de suppuration », mais de l'albuminurie ; il a doublement ainsi menti à son nom en ne faisant ni *pus* ni *bleu*.

Les mêmes transformations s'effectuent dans un milieu chimiquement modifié : si on ajoute 6 ou 7 grammes d'acide borique à un litre de bouillon de culture, le bacille pyocyanique primitif non seulement change de forme, mais aussi de propriétés ; non seulement il s'allonge, s'incurve, devient bacille virgule (comme celui que Koch donne pour pathogène du choléra !!) et enfin se transforme en spirille (qu'on a considéré comme générateur de la « fièvre à rechutes » !) ; non seulement, dis-je, il change ainsi de forme, mais il change aussi de propriétés ; car « il ne fait plus de pyocyanine » (Charrin).

Et voilà que ce qui est vrai du bacille pyocyanique l'est aussi du bacille charbonneux, lequel « peut cesser d'être virulent par suite d'une *éducation spéciale*, et transmettre à ses descendants cette absence de virulence » ! (Bouchard).

C'est ce que je n'ai jamais cessé de dire.

Ainsi le milieu a complètement changé l'espèce : *forme* et *fond*.

C'est du TRANSFORMISME.

Pour échapper à la conclusion, les microbiens

essayent de s'en tirer en appelant cela du
« polymorphisme ». Vous reconnaîtrez avec
moi, mon cher confrère, que le nom ne fait rien
à la chose.

Et vous me permettrez de dire, en terminant,
que ce ne sera pas une des moindres étrangetés
des doctrines microbiennes (dont l'apôtre le
plus fervent a été l'adversaire le plus actif de
la génération spontanée) de voir ces doctrines servir à démontrer la réalité de la génération spontanée, comme du transformisme, qui
en est une dérivation.

Paris, le 25 Août 1889.

Michel Peter.

M. Peter ajoute : comme vous voyez, je suis
d'accord avec vous sur tous les points.

INTRODUCTION

Nous avons étudié les questions que soulève le
sujet *de la création des espèces* au double point de
vue scientifique et philosophique, sans aucune
préoccupation, sans aucun parti pris.

Convaincu de la vérité des principes que nous
défendons, nous n'avons pas hésité à réagir et
contre la théorie du transformisme, en ce qu'elle
a de trop absolu, et contre la doctrine pastorienne
ou microbienne, qui nous semble jouir d'un engoue-
ment immérité.

Le raisonnement sur lequel s'appuient les homogénistes pour nier la génération spontanée ne nous
paraît pas mieux fondé que le serait celui qu'on
ferait relativement à la lumière artificielle, en sou-
tenant qu'une lumière ne peut être allumée que
par une autre ou qu'on ne peut faire de feu sans un
autre foyer déjà embrasé, parce qu'on ignorerait
les conditions nécessaires pour faire jaillir l'étin-

celle, soit avec le briquet, soit par le choc de simples cailloux mis en contact avec un corps inflammable, indépendamment de l'effet de la foudre et de toutes les autres conditions dans lesquelles ont lieu des incendies.

L'on raisonne de même quand on affirme que les maladies infectieuses ou contagieuses ne surviennent que par transmission de microbes, par contagion.

La géologie et la paléontologie démontrent d'une manière irrécusable que chaque grande période tellurique a vu surgir une nouvelle faune et une nouvelle flore ; il y a donc eu successivement un grand nombre d'espèces qui ont disparu. La question de l'origine de ces nombreuses espèces et de celles qui existent aujourd'hui est tranchée généralement de l'une des deux manières suivantes : soit en admettant des générations spontanées successives, soit en supposant une mutabilité incessante de l'organisation émanée d'une création unique. Nous nous élevons contre l'une et l'autre de ces solutions exclusives.

Nous pensons qu'il faut distinguer entre les espèces créées ; que celles d'un ordre inférieur sont nées spontanément, comme les espèces qui sont apparues les premières et comme beaucoup d'entre elles naissent encore actuellement dans des conditions favorables, en dehors de tout être semblable ; que les espèces supérieures seules sont le résultat de variations accomplies à la longue, de façon à en modifier suffisamment les caractères pour en faire de nouvelles espèces par une véritable transformation, conformément à la doctrine du transformisme.

Nous partons de ce principe que toute création d'être vivant est due à une force créatrice de la nature, qui est inhérente à notre globe, que cette force s'exerce sur les corps terrestres ou sur les substances suivant leur état, les modifications que leur a fait subir préalablement cette même force.

De même que les forces créatrices de la nature produisent des minéraux par agglomération de substances inorganiques ; de même ces forces ont la puissance de transformer des substances inorganiques en matière organique tantôt avec le concours de la chaleur solaire, de la lumière et de l'électricité, tantôt par d'autres moyens, comme le prouve la chimie, qui obtient avec des éléments binaires des corps ternaires et quaternaires, tels que l'urée, la pepsine, la pancréatine, lafibrine, etc., toutes substances qui n'apparaissent

ordinairement que sous l'influence de la vie en activité. M. Grimaud, professeur libre, serait parvenu
à former des corps albuminoïdes. Les forces créatrices de la nature ne s'arrêtent pas là ; elles peuvent aussi avec cette matière organique constituer
des éléments organiques, qui, par leur élaboration
ou par une nouvelle combinaison, créent des formes vivantes, en s'associant avec d'autres éléments.

La génération spontanée d'organismes inférieurs
se réalise ainsi par une association de substances
solides, liquides et gazeuses dans un milieu favorable, sous des conditions de chaleur et autres,
en un mot selon les lois organogéniques.

On constate ce résultat, par exemple, dans les
liquides en fermentation, qui produisent sous forme
de moisissure ou de levûre des champignons dont
l'espèce est toujours en rapport avec la substance
observée. Évidemment les forces créatrices sont
ici mises en jeu par les réactions chimiques ; elles
déterminent de cette manière l'organisation et la
vie par genèse spontanée. Il n'y a pas là de microbes
préexistants, comme le prétendent les homogénistes. La fermentation a pour cause non un microbe
ou un germe, mais une propriété de l'air et particulièrement de l'oxygène, propriété à la fois dissol-

vante et vitale, dissolvante pour la matière organique d'où la vie s'est retirée, et vitale, en ce qu'elle donne la vie à de nouveaux éléments que les forces créatrices constituent; car s'il y avait un germe préformé, il serait visible au microscope dans le liquide, comme toutes les spores ; et l'on n'aperçoit généralement que des substances organiques à divers états de modifications catalytiques ; puis le germe produirait un microphyte ayant ses caractères particuliers, indépendants du milieu dans lequel il prend naissance ; au contraire le microbe ou champignon varie constamment comme espèce selon la substance en fermentation.

L'air s'associant avec des molécules du liquide constitue des éléments organiques, qui jouent ici dans la genèse hétérogénique le même rôle que l'union du spermatozoïde ou du pollen avec l'ovule dans la genèse homogénique. C'est, en effet, l'air qui donne la vie et l'entretient.

Mais pour créer des êtres d'une organisation supérieure, la nature ou notre planète a recours à un autre mode : elle n'agit pas par saut ou tout d'un jet ; elle procède lentement et progressivement suivant sa propre évolution, en modifiant les caractères des espèces créées antérieurement.

En définitive, nous admettons deux modes de création des espèces s'appliquant l'un aux êtres d'un ordre inférieur et l'autre aux espèces d'une organisation supérieure, comme l'on reconnaît trois procédés de propagation des individus : la scissiparité, la gemmiparité et l'oviparité.

Telle est la thèse que nous nous proposons de soutenir dans le travail qui va suivre.

DE LA CRÉATION DES ESPÈCES

Doctrine du transformisme et théorie de la génération spontanée.

On confond souvent l'évolution avec le transformisme. Rigoureusement l'évolution s'applique aux phénomènes, qui s'accomplissent pour le développement d'un être à partir des premiers éléments de sa formation jusqu'à ce qu'il arrive à l'état d'adulte; tandis que le transformisme ne comprend que les variations qui se réalisent exceptionnellement dans une espèce animale ou végétale, de façon à la transformer en une autre.

La théorie de l'évolution est généralement acceptée; il n'en est pas de même de celle du transformisme.

Lamarck, le premier, formula la doctrine sur le transformisme; pour appuyer son opinion il se fondait sur l'analogie que présente dans le groupe des vertébrés l'évolution des trois feuillets blastodermiques dans les premiers stades. Les phénomènes initiaux de la reproduction, l'oviparité et la segmentation du vitellus sont en effet les mêmes pour tous ces animaux, à tel point qu'on ne saurait reconnaître l'embryon humain de l'embryon de tout autre animal d'un ordre supérieur.

Hœckel et Geoffroy Saint-Hilaire, allant plus loin, assimilèrent les états transitoires par lesquels passe le fœtus humain aux formes adultes des êtres placés au-dessous de l'homme dans la série animale. Serres prétendit même que l'organogénie humaine est une anatomie comparée transitoire, rappelant la constitution définitive des différents animaux d'un ordre inférieur, c'est-à-dire que les états transitoires du fœtus humain représenteraient d'abord un zoophyte, puis un mollusque, un ver, un poisson, un reptile, etc.

Nous trouvons l'explication toute naturelle de ces faits, en remarquant que les forces créatrices de la nature doivent suivre les mêmes voies et employer les mêmes procédés pour arriver à créer des êtres, qui ont quelque ressemblance entre eux ; et c'est ce qui a lieu pour tous les mammifères et même pour tous les vertébrés en prenant l'embryon à sa naissance.

C'est surtout Darwin qui, par ses prodigieux travaux, ses judicieuses observations et son véritable talent d'exposition, fit valoir la doctrine du transformisme, en lui donnant des bases fondées sur la science au moins en apparence, à tel point que cette doctrine est généralement acceptée aujourd'hui par les meilleurs esprits.

Hœckel, partisan exagéré de la doctrine de Darwin, a aussi proclamé que l'ontogénie est une récapitulation sommaire de la phylogénie ; il semble effectivement que les êtres supérieurs reproduisent, dans les phases embryonnaires par lesquelles ils passent, l'état adulte d'autres espèces animales.

Pour réfuter les objections, qui s'élèvent contre le principe du transformisme, Hœckel s'appuie sur des suppositions secondaires. Ainsi il attribue l'absence que l'on constate dans l'ontogénie de beaucoup de formes inférieures, non à la disparition de ces formes dans les cataclysmes ou dans les révolutions géologiques, mais à une accélération progressive du développement, supposant que l'embryon franchit de plus en plus rapidement certains stades pour finir par les sauter tout à fait. On a appelé cette théorie la théorie de l'*évolution abrégée*. De même qu'en cherchant à se rendre compte de l'existence d'un certain nombre de particularités morphologiques non représentées dans la série des êtres inférieurs, au lieu de supposer que des types intermédiaires ont existé et ont disparu, sans qu'on n'ait pu encore en trouver les restes, il invoque l'influence des causes extérieures qui amènent une déviation du développement, influence qui du reste ne peut être contestée ; c'est ce qu'on a appelé la théorie de l'*évolution faussée*.

L'évolution abrégée et l'évolution faussée ne sont, à notre avis, que des transformations que la force créatrice de la nature fait subir à la matière organique soit à l'état de germe, soit à l'état d'éléments organiques susceptibles de se développer, en prenant une forme ou une autre selon les circonstances. C'est toujours par une multiplication de cellules plus ou moins rapide, plus ou moins abrégée que l'évolution se réalise, en vue d'atteindre le but prévu.

Quoi qu'il en soit des explications, il est vrai que l'ontogénie, telle que nous l'observons sur les êtres actuels, présente de la sorte un mélange de caractères fidèlement transmis par hérédité (palingénésiques) et de caractères surajoutés par adaptation (cenogénésiques), qui sont acquis par des variations dans les espèces.

Kölliker a fait ressortir certains côtés critiquables de la doctrine du transformisme, en combattant l'opinion de Hœckel et de Van Lankester tendant à établir une forme embryonnaire primitive commune à tout le règne animal.

Nous critiquerons nous-même comme mal fondés bien des motifs qu'on a fait valoir en faveur de cette doctrine; mais nous admettons avec Hœckel qu'il existe une forme embryonnaire primitive, commune à tout le règne animal, comme nous reconnaissons un même procédé, une seule forme primitive de constitution du germe pour le règne végétal. Pour nous, c'est la force créatrice de la nature, qui est la cause de toute génération, dont le résultat varie en raison des substances, du milieu, des circonstances climatériques et atmosphériques.

Nous avons expliqué, en étudiant la géologie, que notre planète, corps incandescent, s'était d'abord revêtu, avec le produit de ses bouillons écumeux, d'une carapace de granit après un refroidissement dans l'atmosphère ambiante. Nous avons comparé la formation de cette écorce rudimentaire à celle de la glace qui survient sur une rivière, en temps de gelée. Nous avons dit qu'en se solidifiant de plus en plus la terre a formé des couches de nature similaire, puis des dépôts de matières de toutes sortes, qui, par leur mélange avec l'eau répandue à sa surface, ont constitué des corps inorganiques, des minéraux.

Nous avons fait remarquer que l'écorce terrestre s'accroissait lentement d'une manière insensible, surtout par les dépôts de débris d'animaux et de végétaux, qui s'effectuent au fond des mers ; que dans les premiers temps géologiques, il y avait des soulèvements plus forts et plus fréquents que ceux qui ont lieu de nos jours, que ces soulèvements devaient atteindre toute la surface du globe dans les temps cosmogoniques. Nous n'admettons pas de catastrophes universelles après la constitution de l'écorce terrestre, mais seulement des changements plus ou moins partiels depuis l'époque azoïque ; ces changements sont dus à l'action des causes qui continuent de se manifester à la surface du globe dans de moindres proportions (Voir notre Traité de géologie).

D'autre part, nous avons émis l'opinion que la Terre était un corps animé de mouvements, que dans son évolution, après s'être organisée par la formation de roches diverses, elle est devenue apte à engendrer successivement des végétaux et des animaux avec des formes bizarres que nous ne voyons plus aujourd'hui ; en progressant sans cesse, elle a ainsi acquis une puissance créatrice, qui se manifeste sous les formes les plus variées et donne à chaque corps une existence en rapport avec sa constitution ; mais le germe est toujours le résultat de combinaisons d'éléments organiques, comme tout corps brut se constitue par affinité d'éléments inorganiques.

Suivant les principes de l'école régnante en ce moment, aucun germe ne peut naître en dehors des espèces existantes ; ces principes nous paraissent en opposition avec les faits accomplis dans le passé, et même avec ceux qui se réalisent journellement dans le présent ; nous essayerons d'élucider la question de la génération spontanée avant d'aborder toute discussion sur le transformisme.

Nous diviserons donc ce chapitre en deux sections.

§ 1. — GÉNÉRATION SPONTANÉE

Dans notre étude sur la géologie, nous avons fait ressortir l'absence d'êtres vivants dans les temps cosmogoniques, alors que la vie n'était pas encore possible sur notre planète. Évidemment, avant la formation d'une croûte terrestre, aucun élément organique ne pouvait se former ; mais dès qu'une terre végétale s'est constituée à la surface du globe, les plantes les plus simples sont nées spontanément ; on en trouve la preuve dans les terrains primaires, qui ont révélé l'existence de quelques rares fossiles végétaux ; de même que les premiers animaux, qui sont apparus ensuite, ont été des êtres occupant un degré inférieur dans l'échelle organique, dans la série zoologique.

Il n'est pas plus difficile de concevoir la création des plantes par la force créatrice de la nature ou de notre globe, s'exerçant sur des éléments préparés de longue date pour former spontanément des germes, que la création d'un ovule, effectuée dans des organes spéciaux, qui ont évidemment pour origine la même force créatrice ; le procédé seul est diffférent.

La génération spontanée exige trois conditions : 1° un élément organique préformé (c'est le germe supposé des homogénistes) ; 2° de l'eau ou de l'humidité ; 3° et de l'air contenant de l'oxygène, le tout pouvant se réunir et évoluer dans un milieu favorable, qui est un quatrième facteur de l'être ou du germe.

L'homogénie exige des conditions analogues ; il faut à l'ovule, élément organique, la fécondation ou son union avec un spermatozoïde, s'il s'agit d'un animal supérieur, ou avec le pollen, s'il s'agit d'une plante ; l'air et l'humidité ne sont pas moins nécessaires, non plus que le milieu favorable.

On doit distinguer la création du germe de la plante de celle du germe de l'animal sous le rapport des éléments, qui les constituent en cas de génération spontanée.

Pour la plante le germe se forme dans des conditions déterminées par l'association d'éléments minéraux, qui sont suffisants pour faire vivre la plante elle-même ; tandis que pour l'animal, ou pour le germe, qui est la cellule primordiale de sa fondation, une association d'éléments minéraux ne suffit pas ; il faut une combinaison d'éléments organiques, de substances provenant de végétaux ou d'animaux ayant déjà vécu, ayant par suite produit la matière vivante.

De même que les minéraux n'ont pu se former qu'au moyen de la matière inorganique agglomérée dans certaines conditions ; de même les êtres vivants n'ont pu apparaître à la surface du globe qu'autant que la matière inorganique a pu se transformer en matière organisée ; et les végétaux seuls pouvant vivre en s'assimilant des corps simples

1.

minéraux, on doit en conclure *à priori* que seuls ils peuvent se former spontanément sans autres éléments préexistants que les éléments inorganiques entrant dans leur composition et servant à leur constitution.

Si des animaux peuvent naître spontanément, ce ne sont que des animaux tout à fait inférieurs, assimilables aux plantes. et encore faut-il supposer la préformation d'éléments organiques, comme pour les parasites qui naissent et vivent aux dépens d'êtres préexistants.

Mais quand même aucun être ne naîtrait aujourd'hui spontanément, sans provenir d'ancêtres semblables, cela ne prouverait pas que la génération spontanée n'a jamais existé. Comme nous l'avons dit ailleurs, les espèces qui ont disparu, ainsi que les espèces actuelles animales ou végétales, ont eu un commencement ; les dernières n'ont pas toujours été ce qu'elles sont ; c'est surtout ce commencement qu'il s'agit d'expliquer.

Nous n'avons pas à tenir compte de l'opinion des anciens qui, observant la nature superficiellement, pensaient que les insectes notamment se développent dans les cadavres provenant de leurs ancêtres ou d'autres animaux. Aristote lui-même faisait naître les anguilles de la vase putréfiée, parce qu'il n'avait pas trouvé d'ovaires à ces poissons. L'on ne s'est pas contenté de faire justice de ces opinions erronées, de reconnaître que les animaux supérieurs ne prennent naissance que par propagation, par homogénie ; actuellement on va jusqu'à nier toute génération spontanée de végétaux et d'animaux microscopiques.

Et cependant si l'on admet qu'à une époque la nature a eu la puissance de créer un premier être organisé avec des éléments hétérogènes, cette faculté qu'aurait possédée la terre ne doit pas être transitoire et accidentelle, elle ne peut qu'être essentielle et permanente. Quoiqu'elle soit limitée dans ses manifestations par des conditions diverses de substance, de milieu, de température, de climat, etc., elle continue évidemment d'agir pour la conservation des espèces créées ; et nous pensons qu'elle peut encore dans des conditions déterminées produire spontanément soit de nouvelles espèces, soit des espèces déjà créées, les unes et les autres d'un ordre inférieur.

Nous pourrions comparer la Terre dans son évolution à l'embryon d'un animal qui passe par diverses phases avant d'arriver à l'état adulte. Après avoir franchi les étapes de sa constitution embryonnaire, elle a acquis la force de procréer des êtres, végétaux et animaux, qui ont été différents selon les couches de terrain sur lesquelles ces êtres ont pris naissance. La faune et la flore en effet n'ont pas toujours été les mêmes.

Si nous nous reportons dans le passé aux différentes époques géologiques, nous voyons que les espèces animales et végétales ont varié dans des proportions qui excluent leur perpétuité ; puisque, comme le dit Huxley, « d'innombrables formes organiques existaient dans un passé, dont la date échappe à tout calcul et ont aujourd'hui disparu ; » d'où proviendraient les espèces nouvelles, si elles ne sont pas nées spontanément. Les transformistes prétendent qu'elles proviennent des anciennes, « grâce à un concours de circonstances, dit Huxley, sur lesquelles nous n'avons jusqu'à ce jour que des données incomplètes, quoiqu'elles soient suffisantes pour nous faire entrevoir les procédés naturels de l'évolution organique ».

Huxley ajoute : « que diraient les physiciens et les chimistes si l'on avançait que les transformations de la planète sont non des métamorphoses, mais des créations successives d'éléments nouveaux? »

Nous répondrons que dans les transformations de notre globe, il y a eu évidemment création d'éléments nouveaux, que les divers minéraux ne sont survenus qu'après une évolution lente et progressive de l'écorce terrestre et que les espèces végétales et les espèces animales inférieures peuvent être assimilées, sous le rapport de leur constitution originaire, aux corps inorganiques ; mais les minéraux ne sont pas engendrés par d'autres minéraux semblables ; ils se forment par agglomération d'éléments inorganiques ; de même les espèces végétales ne proviennent pas d'une transformation d'autres espèces ; elles sont créées par les forces vitales de la nature au moyen d'éléments organiques préalablement constitués, sauf à se propager par les procédés homogéniques et même constituer des variétés infinies ; les animaux supérieurs seuls exigent la création d'espèces animales antérieures pour constituer de nouvelles espèces, comme nous l'expliquerons.

Selon les transformistes toutes les espèces dérivent les unes des autres ; ils invoquent la loi de progression géométrique des espèces et de progression arithmétique des aliments. le progrès organique, la sélection naturelle, la concurrence vitale, etc. ; nous examinerons successivement toutes les raisons qu'ils font valoir à l'appui de leur doctrine. Mais si l'on demande comment est apparu le premier germe organisé, ils répondent qu'on ne le saura jamais, que la science a le droit et le devoir de remonter la série des causes jusqu'au premier germe exclusivement ; mais que vouloir aller au delà dépasse sa puissance, attendu qu'on ne peut résoudre la question ni par des expériences ni par aucun instrument d'analyse et de synthèse, qu'on ne peut avoir recours qu'à l'hypothèse plus ou moins bien fondée sur des faits physiques scrupuleusement constatés, et qu'autrement on sort du domaine de la science pour entrer dans la métaphysique.

Beaucoup de philosophes séparent aujourd'hui la métaphysique de la philosophie, en ce que pour eux la métaphysique commence où finit la science ; tandis que la philosophie finit avec la science sur laquelle elle s'appuie. Mais nous pensons que si l'on ne peut scientifiquement faire intervenir la métaphysique pour expliquer des phénomènes qui sont en dehors du domaine de l'observation et de l'expérience, on peut au moins recourir à la philosophie scientifique, qui a précisément pour objet d'expliquer les faits, en indiquant les causes que notre intelligence peut saisir.

L'auteur d'un opuscule intitulé le *Darwinisme*
(M. Emile Ferrière), voulant réfuter les arguments
de Hœckel, fondés sur la génération spontanée,
prétend que « la théorie du transformisme est une
théorie physique, qui rend compte des faits physiques actuels et s'efforce d'expliquer des faits physiques passés, qu'on ne peut rendre cette théorie
solidaire de la génération spontanée au moment où
les immortels travaux de Pasteur ont ruiné cette
hypothèse ».

Nous ne partageons pas cette opinion ; nous nous
élevons surtout contre cette dernière affirmation.
Nous croyons que la théorie de la génération spontanée n'est pas jugée irrévocablement, qu'elle prime
d'ailleurs celle du transformisme. S'il n'y a pas lieu
de rendre ces doctrines solidaires, parce qu'elles
peuvent, selon nous, se soutenir sans s'appuyer l'une
sur l'autre ; il convient au moins d'examiner les raisons que l'on a fait valoir en faveur de chacune
d'elles.

Le principal argument des adversaires de la
génération spontanée est fondé sur les expériences
de M. Pasteur, desquelles il résulte qu'en empêchant
tout germe de pénétrer dans un vase fermé au moyen
de coton ou autrement, les substances, mises dans le

vase, après avoir été préalablement stérilisées, se conservent indéfiniment ; l'on n'y voit se développer aucun germe, aucun être vivant.

Si l'on se reporte aux discussions qui eurent lieu vers 1864 entre M. Pasteur et les hétérogénistes, parmi lesquels se distinguait M. F. Pouchet, de Rouen, l'on voit que ceux-ci soutenaient à tort qu'il n'existe pas de germes tout formés dans l'air.

M. Pasteur, en démontrant que l'air atmosphérique contient en suspension des germes de différentes espèces, a rendu un immense service à l'humanité ; la chirurgie, la médecine, l'économie domestique, l'industrie en ont largement profité, en évitant l'introduction de l'air là où les germes pouvaient être nuisibles. Mais tous les germes que renferme l'air atmosphérique proviennent-ils d'êtres organisés, ou quelques-uns sont-ils créés spontanément par des substances organiques mises en contact avec l'air humide, ou plutôt l'air ne contient-il pas des éléments organiques en suspension, pouvant dans des conditions déterminées former des germes ? Là est la question.

Burdach définit l'hétérogénie ou génération spontanée toute production d'être vivant, qui ne se rattachant ni pour la substance, ni pour l'occasion, à des individus de la même espèce, a pour point de départ des corps d'une autre espèce et dépend d'un concours d'autres circonstances. C'est la manifestation d'un être nouveau et dénué de parents, par conséquent une génération primordiale ou une création. Peut-on trouver actuellement des corps organisés ne provenant pas d'un autre corps de même espèce, dont ils puissent procéder ?

Les homogénistes ne le pensent pas, et les transformistes pour la plupart seraient de leur avis : pourtant parmi ces derniers quelques-uns penchent pour la génération spontanée avec Hœckel ; mais les autres, en plus grand nombre peut-être, se rangent dans le camp des homogénistes ; ils vont même plus loin ; ils prétendent que les espèces animales et végétales proviennent toutes d'un germe primordial, sans qu'on puisse savoir comment ce premier germe s'est formé.

Les homogénistes en général n'émettent aucune théorie sur la création des espèces animales et végétales ; la plupart ne savent expliquer cette création qu'en faisant intervenir le souverain créateur, qui aurait fait naître les êtres à son commandement tout d'une pièce ; d'autres se contentent de nier toute génération spontanée dans les conditions actuelles ;

ils sont convaincus que tout être vivant provient
d'un être semblable préexistant, sans aller au delà,
sans s'inquiéter des nombreuses espèces, qui ont
disparu, ni de la création de celles qui les ont remplacées ; ils se fondent sur les expériences de
M. Pasteur, qu'on peut répéter tant qu'on voudra
sans obtenir aucun être vivant.

Quand il s'agit des espèces qui ont disparu et de
celles qui les ont remplacées lors des révolutions
géologiques, quelques-uns s'abstiennent de se pro-
noncer entre les transformistes qui affirment que
toutes les espèces descendent les unes des autres
par des modifications, des variations accomplies
dans des circonstances plus ou moins exceptionnelles
pour réaliser un progrès lent et continu dans la série
organique, et les hétérogénistes, qui soutiennent
que toutes les espèces sont nées spontanément dans
des conditions particulièrement favorables, suivant
des lois organogéniques et d'après un plan préconçu.

Nous avons déjà expliqué que pour former un
corps vivant, il fallait un élément solide ou au moins
glaireux, composé de plusieurs substances associées, que cet élément ne pouvait vivre et se développer sans le concours de l'eau et de l'air, dans

un terrain ou dans un milieu approprié, qui puisse fournir à l'être sa nourriture. Dans les expériences de M. Pasteur on y trouve bien des substances solides et même organiques ; mais ces substances ne peuvent engendrer d'êtres vivants, parce qu'elles sont dépourvues de tout élément susceptible de former un germe, ayant été préalablement stérilisées, c'est-à-dire privées des conditions dans lesquelles la vie peut se manifester.

Nous savons que tout être, animal ou végétal, privé d'air ou d'eau, souffre et meurt infailliblement, si cette privation dure un certain temps, et que d'autre part les animaux, comme les plantes, ne peuvent vivre qu'en prenant des aliments dans le milieu qui les environne et dans des conditions variables.

M. Pasteur, pour prouver qu'il n'existe pas de génération spontanée, a soin de priver l'air de toute substance organique. En filtrant l'air, il empêche ainsi la réalisation de tout phénomène vital, parce qu'il supprime les éléments nécessaires à la vie, après avoir stérilisé les corps en expérience. Aucune organisation ne pouvant se produire dans ces conditions, il en conclut que ce sont les germes que l'air contient en suspension, qui donnent naissance aux êtres microscopiques observés là où il n'y a pas stérilisation de la matière soumise à l'expérience et filtration de l'air.

A notre avis, les expériences de M. Pasteur ne prouvent pas qu'il ne puisse y avoir de génération spontanée d'êtres vivants, mais seulement que dans certaines conditions déterminées, la matière organique ne peut produire aucun corps organisé. Il est évident que là où il n'y a pas d'éléments organiques pouvant constituer un germe, là où les conditions de la vie ne sont pas réalisées, on ne peut voir naître aucun corps vivant.

Dans les expériences de M. Pasteur tout élément organique susceptible de se combiner avec l'air et avec l'eau ou l'humidité est supprimé ; la vie est éteinte ; aucun corps vivant, aucun germe ne peut se produire dans ces conditions.

Sur cette question nous opposons à M. Pasteur l'éminent physiologiste Cl. Bernard, qui admettait bien la génération spontanée, puisqu'il prétendait que l'on pouvait produire de nouvelles espèces organisées, en changeant les conditions de nutrition et en prenant les éléments organiques au début, sans déroger aux lois organogéniques, sans s'écarter des formes existant virtuellement, mais que la nature n'a point encore réalisées. Il s'exprimait ainsi (*La science expérimentale*, p. 140) :

« En modifiant les milieux intérieurs nutritifs et en prenant la matière organisée en quelque sorte à l'état naissant, on peut espérer changer sa direction évolutive et par conséquent son expression organique finale. Rien ne s'oppose à ce que nous puissions ainsi produire de nouvelles espèces organisées, de même que nous créons de nouvelles espèces minérales, c'est-à-dire que nous ferions apparaître des formes organisées, qui existent virtuellement dans les lois organogéniques, mais que la nature n'a point encore réalisées ».

Cl. Bernard ne parle ici que de la possibilité pour le physiologiste de créer de nouvelles espèces en dehors de tout être existant ; mais nous essayerons de démontrer que chaque jour, à chaque instant, la génération spontanée de certaines espèces végétales ou animales est réalisée par les seules forces créatrices de la nature dans des circonstances déterminées, en dehors de tout individu de la même espèce.

Personne ne nie qu'il existe des germes dans l'air atmosphérique, pas plus qu'on ne peut nier que les espèces animales ou végétales engendrent des êtres semblables ; mais nous pensons qu'il existe aussi

dans l'air et même dans l'eau, des éléments organiques pouvant dans des conditions particulièrement
favorables, se combiner et donner naissance à des
êtres vivants, et nous croyons que notre planète a
la puissance de créer ces élémeuts et ces êtres,
comme elle crée les minéraux.

M. Pasteur considère comme des germes toutes
les bactéries qui se trouvent à la surface du sol,
dans l'air et dans les eaux des mers, des fleuves et
des rivières. Si les bactéries sont des germes, ce
n'est que lorsqu'elles sont à l'état de spores, parce
qu'elles subissent une évolution pour arriver à l'é-
tat adulte ; mais comme bactéries, à moins qu'elles
ne constituent un état transitoire, en attendant une
nouvelle transformation, elles ne peuvent être assimilées à un germe. Ou ce sont des êtres tout formés
ou seulement des éléments organiques.

Disons en passant qu'en bactériologie on divise
les microbes d'après leurs formes en : 1° micrococcus
ayant une forme arrondie ; 2° bactérie, ayant une
forme oblongue ; 3° bacille en forme de bâtonnet,
4° spirille ou vibrion, prenant des formes variées ;
que les micro-organismes qui produisent les fermentations sont appelés *zimogènes* et que ceux qui
causent des maladies reçoivent le nom de *pathogènes*.

Les bactéries sont si nombreuses dans l'eau que le professeur Proust, inspecteur général des services sanitaires, a constaté que l'eau de la Vanne, réputée pour sa pureté, renferme plus de dix mille colonies par centimètre cube. Une colonie est une agglomération considérable de bactéries formant un petit point blanc sous la forme d'une petite sphère opaque, quand on cultive les bactéries dans une solution de gélatine.

On a trouvé dans l'eau de la Seine prise à Clichy en amont du collecteur 116,000 colonies et en aval 242,000 colonies dans chaque centimètre cube.

On a calculé sur ces bases qu'un habitant de Paris, buvant un verre d'eau d'une capacité d'un quart de litre, absorbe 2,750,000 colonies, s'il puise son eau dans la Vanne, et 60,500,000 colonies, si c'est de l'eau de la Seine prise à Clichy.

Parmi ces nombreuses colonies, il y a parfois des éléments étrangers, de véritables parasites, qui sont nocifs. Le plus souvent rien ne décèle la présence de ces parasites dans l'eau, qui reste limpide. On ne peut d'ailleurs distinguer les eaux saines des eaux infectieuses, parce que les unes et les autres ne diffèrent ni sous le rapport de la couleur, ni sous celui de l'odeur ou de la saveur : l'analyse chimique même ne révèle rien ordinairement à l'observateur.

Ne pourrait-on pas voir dans la plupart de ces colonies inoffensives des corps à l'état de simples éléments organiques susceptibles de constituer de véritables germes ou des êtres devant avoir une existence particulière ; car en général la bactérie est une simple cellule végétale ?

L'élément organique diffère du germe en ce qu'il peut entrer dans la constitution d'un être vivant, tandis que le germe est l'être en évolution.

Au nombre des éléments organiques, nous citerons les spermatozoïdes que des physiologistes considèrent comme des animalcules, auxquels ils donnent le nom de *spermatozoaires*, tandis que d'autres ne voient en ces corps que des éléments organiques susceptibles de constituer un germe par leur union avec un ovule.

Ainsi que nous l'avons expliqué antérieurement, le spermatozoïde n'a pas les qualités de l'être vivant ; car il ne se reproduit pas ; il est doué de mouvement, comme beaucoup d'autres éléments organiques, tels que les cils vibratiles, le cœur extrait du corps de la grenouille, certaines cellules épithéliales, etc. ; cela prouve sa vitalité ; mais il ne crée pas à lui seul un germe ; il est le produit d'un organe spécial, de la glande testiculaire ; sa destinée est de concourir à la création du germe, et par cette raison sa vie propre a une durée très limitée, même lorsqu'il ne remplit pas sa fonction, qui est la fécondation de l'ovule. Pour nous, c'est bien l'élément organique vivant le plus évident.

Ce n'est pas seulement dans la reproduction des animaux supérieurs par homogénie que nous constatons l'intervention d'éléments organiques ; il en est de même pour celle des végétaux. En effet, qu'il s'agisse de plantes hermaphrodites ou de plantes ayant des organes sexuels, il y a toujours fécondation par l'union du pollen avec l'ovule, et conséquemment association d'éléments organiques pour constituer le germe. Eh bien ! ce qui existe dans la reproduction par homogénie a lieu également dans la création des espèces par génération spontanée ; le germe se constitue aussi au moyen de la réunion d'éléments organiques, comme le minéral par la réunion d'éléments inorganiques.

Nous admettons que la plupart des bactéries se propagent et deviennent légions ou colonies, comme certains animaux, tels que le tænia ; mais ces collectivités sont à notre avis des éléments organiques associés, pouvant sans doute chacun se reproduire comme toute cellule, comme les boutons, les fleurs, les branches, les racines d'un arbre peuvent reproduire cet arbre ; et de même que nous ne voyons dans les boutons, dans les feuilles et dans les fleurs que des appendices de l'arbre, de même nous ne voyons dans les bactéries composant des colonies que des éléments organiques constituant un être collectif, comme le tænia, le ver avec ses anneaux.

Entre les bactéries ou microbes et les éléments organiques, il n'existe pas de différence bien marquée ; les uns et les autres sont de simples cellules ou globules ; on ne peut pas les distinguer par la forme, qui est le seul signe distinctif des bactéries entre elles ; d'ailleurs les spirilles ou vibrions prennent toutes les formes.

La raison sur laquelle on puisse fonder cette distinction est celle qui résulte de ce que les bactéries engendrent des spores, au moyen desquelles elles se reproduisent ; tandis que les éléments organiques, parties élémentaires initiales d'un organisme, ne se multiplient pas par leurs forces génératrices ; ils sont produits soit par des organes sécréteurs, soit par une espèce d'affinité de substances pouvant arriver à la vie.

En admettant que toutes les bactéries soient des êtres ayant une existence individuelle et ne soient pas rangées au nombre des éléments organiques, parce qu'elles atteignent un degré supérieur dans la hiérarchie ; il resterait à savoir si les bactéries elles-mêmes ne peuvent naître spontanément sous forme de spores ; ce qui est en question.

La bactériologie est d'ailleurs une science à faire, puisqu'on ne distingue les bactéries ou microbes que sous le rapport de la forme ; on ne peut signaler aucun caractère différentiel, si ce n'est la nocivité ou pathogénie de certains parasites ; et encore n'est-il pas certain que cette qualité soit toujours due à la constitution de ces parasites plutôt qu'au milieu dans lequel ils ont pris naissance.

Toute fermentation reconnaît pour cause un élément organique. Est-ce un microbe tout formé, un germe, une spore qui se trouverait dans l'air, comme le pensent les homogénistes ? Les bactéries ou microbes étant différents selon les substances en fermentation, nous soutenons que le milieu est un facteur de l'être, qui pullule, et qu'il n'y a généralement de germe que par la combinaison des éléments organiques se trouvant dans l'air avec la substance fermentative, quoiqu'on puisse par génération homogénique reproduire le même germe, le même microbe.

Tandis que M. Pasteur ne voit que des germes tout formés, entrant dans ses cornues, quand il n'a pas pris tous les soins nécessaires pour éviter toute génération ; nous y voyons aussi des éléments organiques pouvant se combiner et donner naissance à des êtres microscopiques, lorsque les substances introduites ne sont pas rendues stériles, dépourvues de tout élément vital ; et dans ce cas les êtres qui naissent sont généralement en rapport avec les substances soumises à l'expérience ; ils diffèrent donc suivant les conditions de substance, de milieu, de climat et autres circonstances particulières.

Si dans les expériences on voyait naître avec les mêmes substances dans des conditions identiques tantôt certains microbes végétaux, tantôt d'autres microbes ou des animalcules de diverses espèces, on pourrait supposer que ces êtres proviennent de germes d'espèces différentes, mais ordinairement il n'en est pas ainsi ; l'expérimentateur placé dans les mêmes conditions observe les mêmes produits de fermentation ; évidemment cela tient à ce que les mêmes substances engendrent les mêmes microbes, en supposant, comme le fait observer Burdach, qu'on expérimente avec la même eau et le même air ; car la nature du gaz et celle de l'eau influent sur le résultat ; on obtient des infusoires différents suivant les diverses sortes de gaz ou de liquides employés pour faire les infusions.

On peut s'en rendre compte en faisant l'expérience suivante : L'on prend à une altitude de 2,000 mètres une provision d'air atmosphérique qu'on renferme dans un petit ballon ; en mettant cet air en communication exclusive avec un liquide ou une substance déterminée, on voit au bout de peu de jours se former des micro-organismes en rapport avec la substance fermentative ; tandis que si l'on prend l'air à Paris ou à une basse élévation, en mettant en contact cet air avec la même sorte de substance, on obtient un résultat différent : des micro-organismes d'autres espèces apparaissent avec ceux qui sont produits normalement ; on peut en conclure que les germes, lorsqu'il y en a, ne se trouvent ordinairement que dans les régions situées à une basse altitude ou dans les grands centres de population.

Quoique, pour la génération spontanée, l'air ne puisse être remplacé par un autre gaz, tel que l'azote ou l'hydrogène, cependant il suffit qu'il y ait de l'oxygène dans les substances en fermentation.

2.

Suivant Gruithuisen les infusoires, développés dans le mucus, sont diversement configurés, grands, vifs et exécutent toutes sortes de mouvements ; tandis que ceux qui proviennent du pus, sont arrondis, plutôt lenticulaires que globuleux, peu agiles et bornés aux mouvement de torsion ou de progression lente.

Nous expliquerons ultérieurement que les homogénistes considèrent au contraire les microbes de la suppuration, non comme des produits, mais comme la cause de toute suppuration. Quant à ceux qu'on trouve dans le mucus, ils ne prétendent pas qu'ils sont la cause du mucus, mais dans leur opinion ils ne naîtraient pas spontanément, ils viendraient de l'extérieur comme ceux du pus.

D'après Burdach les infusoires sont différents de forme, de taille et de mouvements, lorsqu'on emploie des substances solides diverses pour préparer les infusions.

La formation des infusoires ne dépend pas seulement des substances employées, ainsi que des liquides et des gaz, mais aussi de la proportion respective des trois corps. Quand il y a peu d'eau, dit Burdach, il ne peut naître que des végétaux infusoires, comme on en trouve par un temps humide sur les murailles, sur les toitures ou sur les bords des fossés nouvellement creusés, au fond desquels coule un peu d'eau. Les animalcules infusoires exigent une plus grande quantité d'eau, parce que c'est l'élément dans lequel ils peuvent se mouvoir en toute liberté.

La formation des infusoires est favorisée par le contact de l'air non seulement avec l'eau, mais surtout avec le corps mis en infusion.

Beaucoup d'infusoires, notamment les plus simples, les monades apparaissent dans toutes les infusions, quelque diversité qu'il y ait entre les substances solides, les eaux et les gaz dont on s'est servi; Burdach en conclut qu'il ne s'agit pas tant ici de la matière que de l'état de cohésion, qui exerce toujours de l'influence. La force créatrice agit avec plus ou moins d'énergie suivant les circonstances, sans jamais se reposer.

La formation des infusoires exige donc bien comme condition essentielle le concours de substances solides, liquides et gazeuses s'associant dans un milieu convenable soumis à certaines influences, telles que la chaleur, la lumière, l'électricité, etc.

Si des infusoires nous passons aux champignons,

nous constatons que ceux-ci varient également, selon les substances observées.

Les microphytes, végétaux microscopiques, généralement privés de chlorophylle, comptent parmi eux des champignons très variés, qui sont différents suivant les substances sur lesquelles ils se produisent.

Le ferment de la levûre de bière n'est pas le même que celui du vin. Le ferment du lait diffère également de l'un et de l'autre, comme celui du cidre ou de toute autre boisson fermentative. Rappelons que les levûres sont des champignons sous forme de moisissure.

Le champignon, qui pousse sur les vieux arbres, ne ressemble pas aux autres; il est engendré par des parties végétales en décomposition.

Le champignon du bois mort diffère même de celui du vieil arbre encore sur pied.

Parfois les champignons adhèrent en partie d'une manière si intime avec les corps organiques sur lesquels ils croissent qu'à peine peut-on tirer une ligne de démarcation bien tranchée entre eux et les pseudo-organisations. On en a trouvé qui présentaient un tissu de faisceaux fibreux semblable à celui des arbres sur lesquels ils végétaient.

Suivant Burdach, « certaines espèces de champi-gnons ne se rencontrent nulle part ailleurs que sur des substances déterminées. Les *sphæria entoma-rhiza* et *militaris* et l'*isaria sphingum*, par exem-ple, ne croissent que sur des cadavres d'insectes, particulièrement de papillons, de guêpes et de gril-lons. Une espèce de *clavaria* ne se développe d'après Fougeroux que sur les larves de certaines cicadai-res et au rapport de Schweidnitz on ne trouve l'*isaria truncata* que sur des larves ; l'*isaria crassa* que sur des chrysalides ; l'*isaria sphingum* que sur l'insecte parfait des papillons de nuit ; l'*isaria aranearum* que sur des araignées mortes. L'*ony-genæ equina* ne croit que sur les sabots des chevaux en putréfaction ; le *racodium cellare* ne se voit que sur les futailles dans les celliers ».

Les champignons qui recouvrent le fromage sont particuliers et diffèrent même pour chaque sorte de fromage ; ceux du pain et des aliments conservés ne se ressemblent pas davantage. Le bacille (bacil-lus subtilis), qui naît de la fermentation du foin, est spécial.

Des trichomycètes se produisent parfois dans les fruits gâtés, par exemple, dans les citrons.

Il existe bien des champignons qui apparaissent

sur certains végétaux sans qu'on puisse les rapporter à des germes venant de l'extérieur, Burdach en cite plusieurs qui naissent dans des cavités closes de corps organisés ; « non seulement les entophytes qu'on trouve sur des plantes vivantes, comme les *uredo* et les *ustilago*, mais encore la plupart des sphéries qui croissent sur des parties mortes, se développent sous l'épiderme des végétaux ».

On rencontre également dans l'intérieur de certains fromages des excavations entourées d'une substance dense, complètement closes et tapissées de moisissures.

D'après Hartig il naît dans de petites cavités de l'intérieur des arbres et souvent entouré de 20 à 30 couches annuelles saines, un champignon particulier (nyctomices), qui ne se montre jamais à la surface, ne produit pas de spores, par conséquent ne se reproduit pas et n'apparaît jamais non plus ni dans l'aubier ni sur le bois mort.

Dans les fruits blets, tels que nèfles, poires et pommes, on trouve aussi un champignon ; l'on prétend que ce champignon est la cause de la blettissure, en s'introduisant par des spores dans le fruit soit entre les interstices de la peau, soit surtout à l'œil. Nous pensons que l'introduction de l'air dans l'intérieur du fruit est bien en effet la cause de la blettissure, mais que cet air ne contient pas les germes tout formés de ce champignon, que les fruits blettissent, parce qu'arrivés à une trop grande maturité, ils subissent une décomposition suivant l'organisation de leurs tissus ; cette décomposition avant la pourriture est due uniquement à ce que l'air, en contact avec les éléments du fruit, fait naître un ferment analogue au ferment de la levûre de bière, à celui du vin, et crée ainsi le champignon, qui se multiplie en se reproduisant par des spores.

Ce que nous disons de la cause des blettissures s'applique à beaucoup de maladies, dont sont atteints les végétaux et même les animaux ; le plus souvent les micro-organismes qu'on trouve dans les maladies sont des produits et non des causes.

La nature du sol détermine aussi celle des microphytes. En général les champignons existent dans les terrains des régions tempérées ; là ils s'accroissent ou diminuent selon la température jointe à l'humidité.

Par des temps humides longtemps prolongés on voit apparaître sur différents corps, notamment en des endroits ombragés, des taches par plaques, qui se transforment bientôt en mousse. Les algues dont les variétés sont nombreuses se trouvent dans les mers, comme les mousses dans les lieux humides ; elles diffèrent suivant les climats. Les lichens naissent au contraire dans les endroits secs ; il est des plantes, qui poussent plus particulièrement dans les éboulements de murs, dans les décombres de bâtiments telles que les orties, les lichens ; d'autres ont leur lieu d'élection dans des tourbières.

La nature des eaux, comme celle des terrains, détermine la nature des plantes ; celles-ci sont en effet différentes dans les eaux des mers, dans les fleuves et sur les bords des rivières.

Les mousses varient également suivant les substances qui les engendrent ; celles qui naissent sur les toitures ne ressemblent pas à la mousse des forêts. Sur les vieux murs avec les mousses poussent aussi d'autres végétaux d'une nature particulière ; de même que dans les terrains limoneux, incultes, ce sont d'autres plantes, telles que des joncs, des roseaux ; dans les terrains sablonneux dépourvus de terre végétale, ce sont des bruyères et des fougères ; sur les bords des fossés, des genêts et des ronces ; dans les haies la belladone ; sous les arbres la digitale ; près des pommiers la morille, etc., etc.

Les champignons, les mousses, les algues, notamment l'algue formant le tartre des dents, l'oïdium albicans, cause du muguet et beaucoup d'autres microphytes sont en effet des végétaux qui naissent le plus souvent en grande quantité dans des conditions favorables, sans qu'on ait à invoquer d'ancêtres semblables.

Si l'humidité, jointe à une substance organique en décomposition, donne lieu généralement à une génération spontanée de champignons, dont l'espèce varie suivant la substance, le climat influe également sur l'essence, la couleur, la constitution, les qualités des êtres. C'est ainsi qu'on voit, dans l'Europe méridionale, pousser des buissons de grenadiers sauvages, comme des buissons de ronces; et plus on s'avance vers le midi, plus le grenadier se multiplie, à tel point qu'il abonde sur les côtes de Barbarie, en Egypte et en Syrie, où ses fleurs ont le plus vif éclat et ses fruits la plus grande beauté.

Sur les bords de la Méditerranée, on constate la prédominance numérique des labiées, des caryophyllées, des légumineuses. Dans l'Europe moyenne ce sont les ombellifères et les crucifères. Dans l'Amérique du Nord ce sont de vastes prairies. Dans l'Amérique du Sud des pampas et des tranos. Dans les pays chauds, dans les lagunes et les plages maritimes de l'Amérique intertropicale et du Malabar, c'est le manglier, qui enfonce ses racines dans les sables de la mer ; dans l'Inde, les bambous dont la hauteur dépasse celle de nos grands arbres d'Europe. Partout la végétation diffère suivant le climat, la situation géographique, la composition du sol et les conditions particulières qui favorisent chaque famille végétale.

Tout être microscopique, qui nait spontanément, se propage bien entendu par filiation, par homogénie, et souvent même avec la plus grande rapidité.

Tout le monde sait qu'on reproduit les champignons comestibles par culture, au moyen de semis dans les lieux frais, dans les caves ; de même qu'on emploie le ferment de la levûre de bière, qui se forme spontanément, à faire lever la pâte de farine avec laquelle on fait le pain.

La génération homogénique favorise l'extension des êtres, leur propagation, leur multiplication ; elle conserve ainsi les espèces ; tandis que la génération spontanée les fait naître en certains endroits favorables à leur développement.

D'après ce que nous venons de dire chaque végé-

tal a son lieu de prédilection ; là naît telle plante ;
ailleurs telle autre végète en abondance suivant les
conditions du sol, du climat, de la température, en
se multipliant par homogénie. Dans telle région on
voit de magnifiques prairies sans culture ; dans
d'autres les herbages, les prairies ne persistent pas
malgré tous les soins qu'on y apporte ; on n'y peut
cultiver que des céréales ou autres plantes. Dans les
contrées méridionales on y cultive la vigne, l'olivier,
l'oranger ; sur les sables le pin et le sapin seuls
prospèrent ; auprès des rivières ce sont les saules,
les peupliers, les aunes, etc.

Il est évident que la nature du terrain et le climat
ont une grande influence sur les végétaux ; et si l'on
voit les champignons pousser sur les vieux arbres,
les mousses dans les lieux humides, les joncs dans
les marais, les lichens dans les endroits secs, les
chancres ou nécroses sur certains pommiers, on
ne peut pas toujours attribuer ces produits divers à
des germes propagés ; en général il est plus rationnel d'en rapporter la cause à des conditions dans
lesquelles se réalise la génération spontanée ; il nous
paraît difficile d'ailleurs de faire naître à volonté la
plupart des espèces dont il s'agit, en dehors des
conditions qui leur sont particulières.

Si l'on remonte aux premières générations, on voit que chaque espèce végétale a son pays d'origine.

Le pêcher vient de la Perse, l'abricotier de Syrie, le prunier vient aussi de l'Orient. Tous les arbres portant des fruits à noyaux semblent avoir pris naissance en Asie.

Le caféier est originaire d'Éthiopie où il paraît avoir été cultivé de temps immémorial ; il varie suivant les localités ; le café moka, qui possède l'arome le plus agréable et le plus développé vient d'Arabie ; le café bourbon dont le grain est un peu plus gros est originaire de l'île Bourbon ; celui de la Martinique dont le grain est vert au lieu d'être jaune, comme celui des deux autres, vient de la Martinique, ainsi que son nom l'indique ; il est plus âcre et plus amer.

Le thé vient du midi de la Chine.

La vigne paraît être originaire de la Mingrélie ; elle est aussi différente selon les contrées ; car la vigne d'Amérique n'est pas la même que celle d'Europe.

La pomme de terre vient d'Amérique, d'où elle a été importée en Europe par Parmentier.

La ramie verte est originaire des îles de la Sonde.

Le quinquina vient du Pérou.

L'oranger de la Chine et des îles de la Sonde.

Le marronnier de l'Inde, etc., etc.

Il est des êtres microscopiques qu'on ne trouve que dans certaines contrées : Tel ne se rencontre qu'en Égypte. Tel autre, n'existe que dans le Sud de l'Amérique méridionale.

Il en est de même des microbes pathogènes, qui naissent spontanément dans des conditions déterminées ; ainsi : la rage prend naissance chez le chien où elle apparaît spontanément, en produisant un microbe, qui, inoculé à l'homme communique la même maladie. Nous sommes porté à croire qu'elle naît aussi spontanément chez d'autres animaux du même genre, tels que le loup. Littré et Robin (*Dictionnaire de médecine*) sont plus affirmatifs à ce sujet ; ils s'expriment ainsi : « La rage est susceptible de se développer spontanément chez le chien, le loup, le chat et le renard, qui peuvent la transmettre aux autres quadrupèdes ou à l'homme ».

La fièvre jaune naît dans les pays tropicaux de l'Afrique et de l'Océanie et même dans l'Amérique méridionale ; le nègre y est plus réfractaire que le blanc, non seulement parce qu'il a acquis en quelque sorte une immunité par l'accoutumance, mais en réalité parce que chez lui les conditions de milieu ne sont pas favorables pour la génération du microbe soit spontanée soit par contagion.

Le choléra vient de certaines contrées de l'Asie, probablement des bords du Gange. Avant 1818 il était inconnu en Europe. Le miasme cholérique naît en effet spontanément dans l'Inde où le choléra est endémique ; il trouve là un terrain favorable à son développement ; le méphitisme du sol, la malpropreté des villes situées dans des localités basses, humides et marécageuses, puis les grands pèlerinages, les sacrifices d'animaux dont les débris sont jetés un peu partout ; en sorte qu'ils entrent en putréfaction et par suite engendrent le microbe, qui donne lieu à la terrible maladie. Il faut noter que l'importation du miasme se fait bien par les malades atteints du choléra ; mais ce sont surtout les matières fécales, qui paraissent constituer le principal agent de transmission ; tandis que le contact des malades eux-mêmes est peu dangereux ; il suffit que des eaux potables soient souillées par les déjections des malades ; souvent des vêtements, des linges contaminés servent également à la transmission.

La peste qu'on désigne sous le nom de typhus d'Orient vient surtout de l'Asie.

Le scorbut naît dans des conditions particulières, notamment dans des conditions d'encombrement et de privation d'eau et de végétaux frais, et surtout là où règne la misère physiologique.

La trichinose naît chez le cochon et peut se communiquer à l'homme ; les trichines sont enkystées dans les muscles du porc. Pour éviter la contagion il suffit de faire bien cuire la viande. A 60° en général tous les microbes meurent : mais il faut atteindre une température de 120° pendant 20 minutes pour tuer sûrement toutes les spores.

La morve et le farcin naissent chez le cheval ; que ce soit spontanément ou par contagion, il faut que le cheval soit fatigué ou dans un état de faiblesse, qui le rende apte à contracter la maladie.

La variole naît chez l'espèce humaine le plus souvent par contagion ; mais on peut supposer qu'elle naît aussi spontanément. comme le cowpox chez l'espèce bovine et le horsepox chez le cheval. Le microbe semble être de même espèce ; le horsepox inoculé à la vache y produit le cowpox. On sait que le cowpox est le vaccin employé pour préserver l'homme de la variole.

Le muguet souvent se développe spontanément, lorsque la salive est acide, particulièrement chez l'enfant malade ; il reconnaît pour cause un champignon, l'*oïdium albicans*, qui naît spontanément chez cet enfant, comme tout autre champignon naît dans les conditions nécessaires à sa production.

La lèpre du pêcher appelée aussi *meunier* et *blanc* des feuilles est également due au développement d'un champignon, qui envahit les feuilles et les fruits, en les couvrant d'une poussière blanche. Ce champignon naît spontanément sur le pêcher ; il en est de même du *blanc* des racines.

Par des temps humides on voit en une nuit naître spontanément une foule d'êtres microscopiques, qui causent des maladies épidémiques soit aux végétaux soit aux animaux.

Les terrains imperméables, où l'eau croupit, donnent lieu à des maladies endémiques, par les émanations putrides qui s'en dégagent ; on cite les marais pontins dans la plaine de Rome où les fièvres intermittentes sont à l'état permanent.

Quoique ces fièvres ne soient pas considérées comme contagieuses, on s'est demandé si elles sont causées par des gaz putrides ou par un microbe, qui serait engendré dans ces terrains, dans ces marais. L'on prétend avoir découvert récemment ce microbe. Pour nous, miasme ou microbe naîtrait, en ce cas, spontanément partout où se trouvent des terrains renfermant des eaux croupissantes.

D'après Robin et Littré (dictionnaire de médecine) il y aurait des miasmes marécageux produits par les marais et des miasmes telluriques ou terrestres qui s'élèveraient des terres humectées ou remuées.

Ces auteurs définissent ainsi le miasme : « une émanation, qui bien qu'inappréciable le plus souvent par les procédés de la physique ou de la chimie, se répand dans l'air, adhère à certains corps avec plus ou moins de ténacité et exerce sur l'économie animale une influence plus ou moins pernicieuse ».

Ils ajoutent : « Les miasmes sont constitués par des *substances organiques* à divers états de modifications catalytiques. La présence des substances organiques dans l'air a été expérimentalement démontrée par Boussingault, en analysant l'air pris au-dessus des marécages de l'Amérique. »

Il ne nous semble pas douteux qu'il existe au-dessus des marais et des eaux croupissantes des substances organiques et même des éléments organiques ayant déjà subi une élaboration, de manière à produire des germes par association avec d'autres substances ; mais on objecte qu'il y a aussi des ger-

3.

mes et que ce sont ces germes qui causent la maladie. La question revient toujours la même ; il s'agit
de savoir si ce sont les germes qui produisent les
eaux croupissantes ou si au contraire ce ne sont pas
plutôt les eaux croupissantes, qui donnent naissance
à des germes par suite de l'évolution de substances
organiques associées soit sur place soit en dehors.

Littré et Robin font remarquer que « les miasmes,
qui parcourent de grandes distances, entraînés par
les courants atmosphériques, ne sont que des substances animales ou végétales, décomposées plus ou
moins, et emmenées avec l'eau qu'a volatilisée la
chaleur solaire. Aussi, suivant eux, les temps chauds
et humides sont-ils les plus favorables à cette présence des substances organiques dans l'air ; et alors
elle est souvent appréciable à nos organes des sens.
En effet au milieu des chaleurs de l'été, on est frap-
pé de cette odeur nauséeuse spéciale, qui s'élève
dans les villes et dans les marais, quand, après une
longue sécheresse, une pluie orageuse peu abon-
dante survient ; alors aussi les marais, les flaques
d'eau croupissantes répandent autour d'elles une
odeur particulière due à la présence des matières
organiques en suspension dans la vapeur d'eau,
odeur qui est souvent mélangée ou masquée par

les exhalaisons aromatiques que laissent dégager
dans les mêmes circonstances, certaines plantes de
la famille des labiées, etc. ».

Il est facile de comprendre que les substances
organiques existant dans l'air peuvent entrer en
combinaison avec d'autres corps pour créer des
êtres microscopiques, aussi bien que pour former
des tissus, des cellules d'un animal ou d'un végétal
comme des éléments inorganiques associés constituent des minéraux.

En supposant que la fièvre intermittente ait pour
cause un microbe, l'on conçoit que ce microbe
puisse naître spontanément dans l'organisme par
association de substances organiques provenant de
l'émanation d'eaux croupissantes avec les éléments
cellulaires de l'économie.

Dans la pneumonie on a aussi découvert un microbe, le *pneumocoque*. Ce microbe ne se trouve
pas seulement dans le poumon en cas de pneumonie ; il apparaît dans tout organe lésé dans le cours
de cette maladie. Bien plus même lorsque le poumon ne paraît pas atteint, on le découvre également dans tout autre organe affecté secondairement,
dans la méningite symptomatique, l'endocardite, la
néphrite, etc. Mais ce qui vient démontrer que ce

microbe n'est pas la cause unique de la pneumonie,
c'est qu'on le trouve ordinairement dans la bouche
de l'homme sain. Les partisans de la doctrine pastorienne ou microbienne ne voyant dans toute maladie infectieuse qu'un microbe tout formé s'introduisant dans l'organisme pour y causer la maladie,
s'empressent de faire jouer au pneumocoque le
rôle de cause prépondérante de cette affection ; tandis qu'il n'en est qu'un accessoire, venant profiter
des circonstances, vivre aux dépens de tout organe
congestionné ou même naître sur place.

Cette maladie, qui ne doit pas être rangée au nombre des maladies contagieuses, n'est, selon nous,
une maladie infectieuse du chef du pneumocoque,
qu'après congestion ou irritation de la cellule pulmonaire. Nous comparons l'effet du pneumocoque
inoculé à un animal sur lequel on peut constater par
suite quelques symptômes de la pneumonie, à l'effet que produit la salive de l'homme, par exemple,
sur le lapin, qui meurt après une simple inoculation ; dans l'un et l'autre cas il y a introduction de
bacilles ou de microbes, qui sont bien la cause de
la mort du lapin ou de l'animal inoculé pour lequel
ces microbes sont nocifs ; mais quoiqu'on puisse
par inoculation du virus microbien transmettre cette

maladie d'un animal malade à un autre sain, cela ne prouve pas que ces bacilles soient la cause première de la pneumonie pour l'homme dans la bouche duquel ils vivent, sans qu'il en résulte généralement la moindre incommodité.

Nous pensons que la pneumonie doit être attribuée non au pneumocoque, mais à la congestion du poumon, qui s'enflamme dans des conditions déterminées, suivant son état de faiblesse et selon les causes atmosphériques, lesquelles en modifiant l'air ambiant, font entrer en jeu des éléments organiques, qui, par leur association avec d'autres éléments du poumon enflammé, constituent ici la pneumonie, comme en d'autres circonstances telle autre maladie épidémique ou non.

Comment d'ailleurs expliquer les pneumonies malignes, ces pneumonies hémorrhagiques, apoplectiques et autres, qui tuent les malades si rapidement ? il faudrait admettre plusieurs sortes de pneumocoques, les uns ne produisant qu'une pneumonie plus ou moins bénigne, les autres ayant une plus grande virulence, provoquant des hémorrhagies, des apoplexies, etc ; il y a en effet au moins deux sortes de pneumocoques ; mais les uns n'ont pas une virulence plus grande que les autres.

Pour nous, la cause des pneumonies malignes se trouve tantôt dans l'état constitutionnel du sujet, tantôt dans l'air atmosphérique, chargé d'éléments organiques nuisibles et donnant lieu à l'aggravation de la maladie ; c'est ainsi que dans certaines affections épidémiques les malades sont atteints de symptômes d'une gravité exceptionnelle et que dans d'autres il suffit aux malades de changer de pays pour obtenir promptement la guérison.

Il n'y a pas précisément contagion dans les circonstances que nous venons de rappeler ; mais le même air respiré agit sur toutes les personnes qui habitent les mêmes lieux et les rend malades de la même affection, sauf l'immunité ; tantôt c'est la bronchite, tantôt c'est la grippe, la fluxion de poitrine, la pneumonie ou toute autre maladie ; souvent aussi il faut tenir compte des conditions dans lesquelles le malade s'est trouvé ; le refroidissement provoque plus fréquemment la pneumonie que le froid.

Comme on le disait, avant qu'il fut question de bactériologie, toute épidémie doit être attribuée à la constitution médicale, au génie épidémique, c'est-à-dire aux éléments organiques que contient l'air atmosphérique.

A notre avis le pneumocoque n'est pas la cause
unique de la maladie, puisqu'il existe à l'état normal, dans la bouche de l'homme sain, et que la
maladie diffère suivant les changements atmosphériques, selon les conditions climatériques, météoro-
logiques ou autres. L'intervention de ce parasite ne
nous apparaît que là où il peut trouver un tissu congestionné dans lequel il choisit sa nourriture, s'il ne
naît pas sur place ; mais la cause de cette congestion
est bien plutôt dans l'influence qu'exerce une température anormale avec des éléments organiques venant
de l'air atmosphérique et agissant sur les éléments
cellulaires du poumon. C'est en effet le plus souvent
le froid ou le refroidissement qui fait refouler le sang
vers les poumons et les congestionne. Par suite les
éléments organiques ou inorganiques contenus dans
l'air, irritent les cellules pulmonaires et les enflam-
ment avec une plus ou moins grande intensité ; de là
les pneumonies plus ou moins virulentes, frustes ou
malignes. Les pneumocoques en se rendant là où il
y a congestion ou irritation pour s'y nourrir et y
pulluler ne jouent qu'un rôle secondaire.

L'on objecte que le froid ou le refroidissement
n'agit pas de la même façon chez tous les individus ;
chez les uns il cause une bronchite, chez d'autres

une pneumonie ou une néphrite ; les partisans de
la doctrine microbienne prétendent qu'il existe une
cause prédisposante et que cette cause se trouve
dans un microbe à l'état latent. Ainsi pour eux la
pleurésie séro-fibrineuse, franchement aiguë, dite à
frigore, ne serait pas due au froid ; elle serait toujours un épiphénomène d'une tuberculose accusée
ou latente, reconnaissant pour cause le bacille de
Koch. Il est vrai qu'il en est souvent ainsi ; mais il
est reconnu généralement qu'un certain nombre de
pleurétiques ne sont nullement tuberculeux, qu'ils
jouissent même d'une parfaite santé après la guérison de leur pleurésie ; et l'on doit en conclure que
le froid ou le refroidissement peut être la cause exclusive de la pleurésie, comme de la pneumonie, de la
bronchite, de la néphrite, selon que les reins, les
bronches ou les poumons ont été touchés ou affaiblis
antérieurement soit par maladie virulente, fièvre
typhoïde, rhumatisme articulaire, rougeole, scarlatine, etc, soit par toute autre cause ; car le froid
agit toujours avec plus d'intensité sur l'organe le
plus faible, sur les éléments cellulaires présentant
le moins de résistance.

Mais en général il est difficile d'expliquer pour-
quoi tel organe est atteint plutôt que tel autre, en

supposant la même cause. C'est ainsi que l'abus des plaisirs vénériens, l'alcoolisme, les maladies contagieuses, les excès de travail ou le surmenage occasionnent chez tel individu la paralysie générale, chez tel autre l'ataxie locomotrice, chez d'autres la phthisie tuberculeuse, la bronchite, la néphrite, la myocardite, etc.

On a prétendu que la crise de défervescence dans la pneumonie était due à ce que le pneumocoque, après avoir exercé sa virulence au maximum d'intensité, avait à ce moment épuisé toute sa force et disparaissait dans les sueurs et dans les urines. Nous admettrions cette explication, qui ne serait nullement en contradiction avec les effets secondaires que nous attribuons au pneumocoque.

Quoi qu'il en soit nous retenons que le pneumocoque se trouve fréquemment dans la bouche de l'homme sain, comme beaucoup d'autres bacilles ; et nous en concluons qu'il y naît ordinairement spontanément.

De même la tuberculose ou phtisie pulmonaire nous paraît devoir être attribuée généralement non à un microbe, mais à une constitution débilitée, à un vice de nutrition ou à une mauvaise hygiène ayant entraîné la misère physiologique ; le bacille

de Koch qu'on ne trouve pas toujours chez les tuberculeux naîtrait le plus souvent spontanément des
tubercules ou des cellules géantes dans des conditions déterminées.

D'autre part la scrofule est généralement considérée comme résultant d'un état constitutionnel,
pouvant conduire à la tuberculose; des médecins
ont même prétendu que l'une et l'autre étaient une
seule et même maladie. Aujourd'hui les partisans
de la doctrine microbienne soutiennent que la scrofule ne serait pas exempte de bacilles et la confon-
draient aussi avec la tuberculose, quoiqu'on n'y
constate l'existence ni de tubercules ni de bacilles
de Koch. C'est ainsi qu'ils voient dans toute tumeur
blanche une affection tuberculeuse, qui a pour cause
un bacille; tandis que, selon nous, c'est le plus souvent la tumeur blanche, qui produit le bacille, quand
il y en a. Il n'y a pas à distinguer des tumeurs blanches
non tuberculeuses, parce qu'on n'y trouve pas de bacille, de celles qui en renferment; les unes et les autres
sont de même nature. Il y a seulement des degrés dans
l'évolution. Dans le plus grand nombre on n'y trouve
ni bacille ni tubercule, pas même de nodule tuberculeux; dans quelques-unes il y a un commencement de tuberculisation, des granulations; et dans

les cas les plus rares on a trouvé le bacille de
Koch ; ce qui ne prouve rien de plus que le scrofuleux peut devenir tuberculeux, parce que son état
constitutionnel s'aggravant, des tubercules peuvent se produire et les bacilles survenir spontanément ou par contagion : mais l'enfant scrofuleux
jouit souvent à l'état adulte d'une parfaite santé,
lorsqu'il a une vie régulière et qu'il observe une
sage hygiène, sans présenter jamais ni tubercules
ni bacilles.

Du reste il n'est guère de maladies infectieuses
ou non dans lesquelles on ne trouve quelques microbes. Mais de ce qu'on peut reproduire la même
maladie d'un malade à un homme sain ou à un animal, cela ne prouve pas que la même maladie soit
toujours causée par le même microbe, par transmission, par contagion ; nous pensons qu'il y a des
cas assez fréquents où la maladie arrive spontanément, sans qu'on puisse invoquer un contage ; il
suffit dans beaucoup de maladies contagieuses soit
pour l'homme, soit pour les animaux, de se trouver
dans des conditions déterminées.

En principe, les microbes naissent spontanément,
selon le milieu ambiant ou le terrain qui leur est
favorable. Les éléments organiques répandus dans

l'air s'associent avec les éléments organiques de l'économie affaiblis et constituent ainsi les germes qu'on trouve ordinairement dans la maladie.

L'on doit assimiler la création des microbes pathogènes prenant des formes différentes suivant chaque maladie, à celle des zimogènes, micro-organismes produisant les fermentations, qui sont également différents selon les substances dans lesquelles ils naissent. Comme nous l'avons expliqué, le ferment de la levûre de bière diffère de celui du vin, du cidre, etc., parce que l'air, par des réactions chimiques, produit avec les éléments cellulaires du liquide fermentescible des combinaisons formant des germes. De même beaucoup de microbes pathogènes se forment dans l'organisme selon les conditions dans lesquelles se trouvent les organes ou les éléments amorphes ou figurés entrant dans l'économie.

Dans beaucoup de maladies infectieuses, ce n'est pas seulement le germe, ovule ou spore, qui peut communiquer la maladie à l'homme sain, mais aussi la matière putride, ptomaïnes, leucomaïnes ou même simplement le liquide ou pus provenant d'un malade. Si des éléments organiques autres que des germes peuvent produire, comme ceux-ci, des maladies contagieuses, n'est-ce pas la preuve que les germes parfois se forment spontanément dans des conditions favorables à leur évolution ?

Cl. Bernard a depuis longtemps demontré que des agents chimiques sont capables de produire des effets physiologiques, tels que chaleur, contractilité, paralysie, phlogose, etc. Beaucoup de maladies sont dues à l'absorption de substances inorganiques plus ou moins toxiques.

M. Roulier, chef du laboratoire de M. le professeur Hayem, vient de découvrir une substance extraite de la levûre de bière qui produit constamment la fièvre et que pour cette raison il a appelée *pyrétogène*. C'est un ferment soluble dans l'eau.

Non seulement les germes peuvent se former spontanément dans des conditions favorables : mais les mêmes affections dans des circonstances diverses peuvent donner naissance à plusieurs espèces de microbes.

Par exemple, la fièvre puerpérale, qui est aussi une maladie contagieuse, était considérée comme étant causée non par une seule espèce de microbes, mais par des miasmes ou corpuscules de micro-organismes de toute nature, avant que M. Pasteur eut découvert un microbe engendrant cette maladie :

en 1879 on en comptait au moins quatre espèces
différentes, qui donnaient lieu à la même maladie ;
il est vrai qu'en 1888, M. le professeur Cornil a prétendu avoir trouvé l'unique microbe spécifique de
cette affection. Nous pensons néanmoins qu'il en est
de ce microbe vis-à-vis de la fièvre puerpérale,
comme du microbe de la fièvre purulente. Quoiqu'on
trouve généralement le même microbe dans chacune de ces deux affections, cependant il existe souvent des microbes d'une autre espèce dans ces maladies. Inversement il est des microbes qui causent
tantôt telle maladie tantôt telle autre. C'est ainsi
que le bacille, qui engendre l'érysipèle, peut
produire chez certains sujets la fièvre purulente.

Comme nous l'avons expliqué, les microbes naissent spontanément là où ils trouvent les éléments
organiques de leur constitution et le terrain favorable à leur développement. Partout où il y a désorganisation dans des tissus déjà irrités ou conges-
tionnés, on peut voir apparaître certaines espèces
de microbes selon les circonstances et les conditions
de leur production. C'est ainsi que la fièvre purulente et toute suppuration se produisent à la suite
d'une plaie, qui, par son contact avec les éléments
organiques contenus dans l'air, donne naissance à

des microbes particuliers, qui ne sont pas constamment les mêmes.

Pour éviter la production des microbes à la suite de plaies, l'on a recours à l'antisepsie, qui met obstacle à l'union des éléments organiques, de même que pour éviter la fermentation, on empêche les éléments organiques contenus dans l'air de s'unir aux cellules des substances fermentatives.

Pour les homogénistes la suppuration est toujours produite par des microbes qu'ils appellent microbes *pyogènes* et qui viendraient directement de l'extérieur, en s'introduisant dans l'économie soit par les voies respiratoires ou digestives, soit par les vaisseaux lymphatiques, par les artères ou par les veines ; tandis que, selon nous, les bacilles ou bactéries peuvent bien s'introduire du dehors dans l'organisme, mais beaucoup peuvent aussi se former spontanément dans certaines conditions, là où il y a lésion ou irritation, notamment par suite de traumatisme. Parfois le pus est de mauvaise nature, parce que les éléments organiques associés engendrent des microbes pathogènes spécifiques plus virulents ; ordinairement dans les constitutions saines le pus est bénin, les microbes, qui naissent ainsi dans un milieu peu nocif, sont peu virulents.

Si l'on recherche les causes secondaires dans le développement des maladies infectieuses, on trouve également que ce sont le plus souvent des microbes, qui se surajoutent à d'autres ; c'est ainsi que dans la fièvre typhoïde les eaux absorbées par les malades, telles que l'eau du Danube et l'eau de la Seine. apportent leur contingent, comme l'air atmosphérique. Mais ces micro-organismes arrivent-ils tous à l'état adulte ou même à l'état de germe ou plutôt beaucoup d'entre eux sont-ils seulement à l'état d'éléments organiques, capables de créer spontanément le microbe, suivant le milieu dans lequel celui-ci se développe ?

Par exemple, si l'altitude influe favorablement sur la tuberculose, ce n'est pas précisément parce qu'à une certaine élévation les bacilles de Koch à l'état de germes ou adultes ne trouvent pas les conditions nécessaires à leur existence, mais bien plutôt parce qu'à cette altitude l'air est plus pur, moins chargé d'éléments organiques susceptibles de former des bacilles ou plus exactement parce que l'air apporte dans les rouages de l'organisme moins de substances qui entravent leur fonctionnement. C'est ainsi que la phtisie pulmonaire est inconnue au Thibet, au Mexique, dans l'Abyssinie et dans toutes les contrées qui ont une altitude de plus de 2000 mètres.

De même le cancer naît le plus fréquemment à la suite d'un traumatisme, d'un coup sur le sein ou d'une irritation en d'autres endroits, dans les organes qui ont le plus de fatigue, qui fonctionnent avec excès, il n'y a pas ici de bacilles s'introduisant dans la place ; il y a d'abord une prolifération de cellules constituant la tumeur, qui devient cancéreuse par la création spontanée d'éléments pathogènes, se développant dans un milieu favorable.

Des médecins prétendent en effet qu'il est des cancers, qui ne reconnaissent pas pour cause première un microbe, tels que le carcinome, l'épithéliome, dont les tumeurs se formeraient par la multiplication des cellules, la prolifération exagérée des tissus irrités par un corps étranger quelconque ; de même que l'acné des glandes sébacées, l'eczéma, les érythèmes et beaucoup d'autres affections, qui surviennent chez des sujets prédisposés, sans qu'on puisse invoquer la présence d'un microbe spécifique. Ces diverses affections ne seraient attribuées qu'à l'état constitutionnel des individus, donnant lieu à une modification des tissus soit par le contact de l'air froid, soit par une irritation quelconque, soit par toute autre cause qu'une bactérie.

Quant à la pathogénie de la suppuration, on discute encore pour savoir si la suppuration reconnaît pour cause unique un microbe spécifique ; de nombreuses expériences ont démontré que non seulement on trouvait dans quelques suppurations plusieurs sortes de microbes, indépendamment de la bactérie ordinaire du pus (pyogène), mais que dans d'autres on n'en découvrait aucune trace.

Suivant la théorie que nous avons exposée, la suppuration aurait lieu par l'association d'éléments organiques contenus dans l'air avec ceux des leucocytes apportés par les vaisseaux lymphatiques, d'où résulterait ordinairement le microbe de la suppuration, comme la fermentation de la bière engendre un champignon spécial ; mais d'autres microbes peuvent naître également dans le foyer de suppuration, parce que les éléments n'y sont pas toujours de même nature.

C'est ainsi que la température, l'air, l'eau, les vents et autres circonstances, en apportant des éléments organiques divers, qui s'associent avec d'autres éléments de l'organisme d'un animal ou de l'homme plus ou moins modifiés, contribuent à la création spontanée de microbes produisant des maladies soit épidémiques, soit endémiques, surtout dans les grands centres de population.

Il existe, il est vrai, des maladies contagieuses que nous ne voyons jamais survenir spontanément, qui n'ont pas pour cause un germe se formant dans l'organisme, mais un microbe qui vient du dehors ; celui-ci est introduit par une porte d'entrée quelconque, plaie, piqûre, lésion extérieure, si petite qu'elle soit, ou même à travers une muqueuse se laissant facilement pénétrer, telle que celle des organes génitaux en état d'érection ou de congestion. C'est ainsi que la syphilis, le choléra, l'érysipèle et autres maladies contagieuses, analogues, sont transmissibles. Nous ne parlons pas de la gale dont le microbe (acarus) est visible à l'œil nu, de la teigne (favus) de la teigne tonsurante, de la pelade, de la mentagre, etc. qui toutes reconnaissent pour cause un parasite vivant dans certaines conditions déterminées et ayant pris naissance dans des circonstances exceptionnelles, qui nous sont inconnues.

De ce que nous ne voyons pas la syphilis survenir spontanément, il faut cependant admettre que le microbe, qui engendre cette maladie, n'a pas toujours existé, qu'il est le produit d'une génération spontanée, accomplie dans des conditions particulières soit sur l'homme soit sur l'animal.

Le lieu où se manifeste l'érysipèle n'est pas le même chez l'homme ; il varie selon l'âge ; chez les nouveau-nés c'est le ventre, qui est affecté, chez les adultes c'est la face et chez les vieillards ce sont le plus souvent les jambes, les parties inférieures.

L'érysipèle se rencontre en effet partout où il peut y avoir association d'éléments organiques extérieurs, avec d'autres éléments organiques de l'économie, susceptibles de former des micro-organismes ; il faut bien entendu que le sujet soit prédisposé. L'érysipèle coïncide souvent avec les règles chez la femme, parce que celle-ci se trouve alors dans des conditions particulières, permettant la production du germe spécifique ; il est fréquent chez le diabétique probablement pour la même cause ; en tout cas le microbe dans ces conditions trouve facilement une porte d'entrée, ainsi qu'un terrain favorable à son développement et vraisemblablement même à sa génération spontanée.

D'autres maladies infectieuses et contagieuses ou réputées telles, ont pour cause un microbe se formant à l'intérieur de l'organisme, soit spontanément, soit par transmission ou inoculation, comme dans les fièvres typhoïde, scarlatine, variole, rougeole.

Mais lors même qu'un microbe spécifique pour

chacune de ces maladies n'arriverait actuellement dans un organisme que par transmission, on serait encore forcé d'admettre qu'originairement ce microbe est né spontanément dans des conditions favorables.

La phthisie pulmonaire est acquise ou héréditaire. Lorsqu'elle a pour origine l'hérédité, elle ne se manifeste souvent qu'à l'âge de 18 ou 20 ans et même plus tard ; l'on prétend que le microbe, transmis par les parents, est resté à l'état latent pendant toute cette période dans le corps de l'enfant. Selon nous, ce qui est transmis, ce n'est pas le bacille, c'est la constitution individuelle, qui à un moment de son développement devient apte à engendrer le bacille, comme le vieil arbre engendre le champignon, comme le pommier devient cancéreux, nécrosé, lorsqu'il se trouve dans certains sols.

Du reste le microbe de la phtisie, le virus du cancer, lorsqu'ils sont inoculés, ont un temps d'incubation beaucoup plus court, quand il n'y a pas d'immunité.

Il y a des maladies dans lesquelles le germe ou le virus du microbe est transmis à l'enfant ; par exemple, dans la syphilis, les symptômes apparaissent ordinairement dès le plus jeune âge ; on peut dire dans ce cas que le microbe a été inoculé à l'enfant dans le sein de sa mère ; mais une maladie qui n'apparaît qu'à l'âge de 20 ans, comme la phtisie ou de 50 à 60 ans, comme le cancer, ne nous semble pas devoir être attribuée à un ovule ou spore, qui serait resté pendant tout ce temps dans l'organisme ; nous ne voyons là qu'un terrain préparé pour faire naître le microbe spontanément, comme l'acné des glandes sébacées survenant soit chez l'enfant, soit chez le vieillard, en raison d'une perturbation dans le fonctionnement de ces glandes.

La tuberculose est parfois transmise à l'enfant nouveau-né dans le sein de sa mère et l'on peut trouver alors des bacilles dans les viscères de ce tout jeune enfant et même chez le fœtus, comme la maladie peut être communiquée par le lait d'une vache phtisique ; mais la cause d'une tuberculose qui n'évolue que 20 ans après la naissance, ne nous paraît pas provenir d'un bacille transmis par les parents ; pour nous, cette cause est dans la mauvaise constitution, dans la déchéance de l'organisme ; ce qui le prouve, c'est que, avec un bon régime, l'enfant est préservé de la maladie. En tous cas, lors même que le microbe de la phtisie héréditaire resterait à l'état latent pendant plus de 20 ans, cela ne prouverait pas que dans certaines conditions, la tuberculose ne puisse apparaître spontanément.

Nous ne saurions assimiler la tuberculose héréditaire à la syphilis héréditaire tardive, qui n'évolue parfois qu'à l'âge de 15 à 18 ans et même plus tard, parce que dans la tuberculose, encore bien qu'on ait découvert le bacille spécifique de cette maladie, non seulement on ne trouve pas ordinairement ce bacille chez l'enfant, mais la tuberculose ne se développe pas, si l'enfant est placé dans de bonnes conditions hygiéniques et avec un régime alimentaire suffisant; au contraire dans la syphilis héréditaire, le virus a été transmis à l'enfant dans le sein de sa mère, à tel point que les symptômes secondaires et tertiaires se manifestent infailliblement avec plus ou moins d'intensité et plus ou moins promptement, suivant la qualité, la quantité du virus inoculé par les parents et la constitution du sujet.

Si des symptômes locaux, comme le chancre primaire ne se manifestent pas, c'est parce que l'enfant a été imprégné du virus syphilitique par la voie sanguine dans tout l'organisme et qu'il a subi ainsi à l'origine une infection généralisée ; en sorte qu'on ne voit apparaître les symptômes secondaires et tertiaires qu'après un temps plus ou moins long suivant les circonstances, comme dans la syphilis acquise, avec cette différence que ces symptômes apparaissent ordinairement simultanément et non successivement.

La syphilis héréditaire se distingue donc de la syphilis acquise surtout par le défaut de symptômes initiaux ou par leur apparition généralisée ; mais au point de vue de la transmission de l'élément pathogène, la syphilis héréditaire se distingue de la tuberculose, en ce que dans cette dernière maladie, le bacille, qui, selon nous, en est plus souvent l'effet que la cause, n'est pas généralement transmis à l'enfant ; ce qui est transmis, avons-nous dit, c'est la constitution individuelle ; tandis que dans la syphilis l'enfant est imprégné du virus microbien ; il est vrai qu'on n'a pas encore découvert le microbe spécifique de cette affection ; mais l'on est en droit de supposer son existence ; car si l'on doit attribuer la cause d'une maladie contagieuse à un bacille ou microbe, c'est bien en effet dans la syphilis. Rien ne prouve qu'il en soit de même pour la tuberculose, qui peut ne pas survenir, malgré la tache originelle ou bien apparaître sans qu'il y ait eu transmission du bacille.

D'ailleurs s'il y a des maladies infectieuses, qui

se produisent facilement et d'autres qui exigent des conditions particulières, on peut en attribuer la cause à ce que certains micro-organismes n'existent que dans des lieux déterminés ; tandis que d'autres peuvent naître et vivre un peu partout ; puis à ce que ceux-ci se forment dans des conditions variées, tandis que les microbes de quelques maladies infectieuses, tels que celui de la syphilis, celui du choléra, ne peuvent naître, comme espèces par génération spontanée que dans des conditions exceptionnelles qui nous sont inconnues jusqu'à ce jour.

Il y a sans doute des microbes qui restent à l'état de larve, d'ovule ou de spore dans le corps d'un animal pour se développer dans le corps d'un autre, qui convient mieux à leur développement. C'est ainsi que le tænia (solium), l'échinocoque ou tænia nain et autres vivent comme cysticerques ou scolex (1) sous une même forme, avec leurs crochets, dans l'intestin ou dans les muscles d'un animal, tel que le chien, le chat, la souris, le rat, d'où ils sont

----

(1) On entend par scolex un parasite à l'état agame ou phase d'évolution, tel que celui de vers, polypes ou autres donnant naissance à des individus sexués soit par gemmation (tuniciers) soit par scission (naïs) segmentation (cestoïdes) ou même par genèse spontanée (distomiens).

expulsés souvent à l'état embryonnaire avec les excréments de l'animal pour être jetés, par exemple, sur une plante de salade ; en sorte que l'homme mangeant cette salade absorbera l'ovule ou la spore, qui deviendra le tænia ou l'échinocoque, et produira la maladie (ver solitaire ou kyste hydatique), reconnaissant pour cause le parasite.

Souvent en ce cas le microbe subit plusieurs transformations, comme la chenille devenue chrysalide, qui se transforme en papillon, comme le man qui après avoir vécu pendant deux ans dans le sol de la même manière que le ver, se transforme en hanneton la troisième année pour prendre son vol et vivre à l'état d'insecte en dévorant les feuilles des arbres.

On pourrait citer aussi la trichine et beaucoup d'autres parasites, qui, comme les cysticerques, étant presque toujours contenus dans des kystes membraneux, sont transmis à l'homme avec les viandes des animaux, dont il fait sa nourriture. La plupart de ces parasites naissent spontanément chez certains animaux dans des conditions déterminées. Nous en avons cité des exemples précédemment. En tout cas les transformations que subissent certains individus, scolex ou cysticerques, nous font voir qu'il y a des degrés et des variétés dans la genèse des animaux, même par homogénie.

L'on a discuté pendant longtemps sur la question de savoir si la tuberculose ou phtisie pulmonaire est une maladie contagieuse ; il n'est pas douteux qu'elle puisse être communiquée à un homme sain par inoculation ; mais beaucoup d'autres affections, qui donnent naissance à des microbes et qu'on ne considère pas comme contagieuses, sont dans ce cas.

On a reconnu que le bacille de la tuberculose pouvait s'introduire par différentes voies ; mais en admettant la pénétration du virus par diverses portes d'entrée, peut-on affirmer que le bacille ne se forme pas spontanément, tantôt dans le poumon, tantôt dans l'intestin et même ailleurs suivant la constitution individuelle ?

On est d'accord sur ce fait que pour le développement de la tuberculose, il faut un terrain spécial ; il faut en un mot un sujet prédisposé. Il ne suffit pas qu'un bacille de Koch soit inoculé à une personne saine pour engendrer la maladie. Parmi les gens en parfaite santé vivant avec des phtisiques, il en est peu qui contractent la tuberculose. L'on voit journellement un phtisique avoir des rapports intimes avec son conjoint bien portant, sans que celui-ci devienne phtisique ; il n'en est pas tout à fait de même de la syphilis, et de beaucoup d'autres maladies reconnues contagieuses.

Les piqûres anatomiques, si fréquentes pour les chirurgiens et les expérimentateurs, ne sont pas suivies de contagion dans la tuberculose : la pénétration du germe infectieux n'a pas lieu dans leur organisme, s'ils n'y sont pas prédisposés. On cite MM. Chauveau et Verneuil, qui ont eu au doigt de ces piqûres faites avec des instruments contaminés par la tuberculose, sans qu'il en soit résulté pour eux de désordres graves, de manifestation des symptômes de la maladie.

Parfois la piqûre a été suivie d'inflammation, de phlegmons, d'abcès ou de lymphangites ayant duré des mois et même des années, sans qu'il se soit produit autre chose que des désordres sur place ou dans le voisinage de la porte d'introduction de l'élément infectieux ; dans ces cas la contagion directe est manifeste et cependant l'organisme n'a pas été envahi par le virus.

Tous ces faits nous autorisent à penser que le bacille de la tuberculose, qui peut se transmettre d'un malade à un homme sain, en communiquant la maladie, ne provient pas toujours d'un bacille semblable, qu'il est fréquemment créé spontanément, qu'en définitive le plus souvent le microbe est ici un effet de la maladie et non la cause ; et nous concluons en disant que ceux-là seuls, qui ont une constitution affaiblie et par suite une prédisposition, sont seuls susceptibles de contracter la phtisie tuberculeuse, soit spontanément soit par contagion.

Un congrès médical vient d'avoir lieu pour rechercher le parasiticide de la tuberculose ; nous ne sachons pas qu'on l'ait découvert ; mais nous sommes avec les médecins qui conseillent de rendre le terrain rebelle à la maladie, en fortifiant le sujet affaibli, en le mettant dans un état de résistance suffisant pour combattre le parasite introduit ou créé sur place ou pour l'empêcher de naître spontanément. On peut dire avec M. le professeur Bouchard que plus les cellules de l'organisme sont fortifiées, plus elles luttent avec avantage contre l'attaque de toute espèce de microbes.

La vérité est qu'on ne trouve le bacille de la tuberculose en général que dans l'état avancé de la maladie et non au début ; ce qui prouve bien que le bacille en est plus souvent l'effet que la cause.

Le docteur Libermann, chargé pendant quelque temps d'un service à l'hôpital militaire du Gros-Caillou, paraît être aussi en opposition avec l'école microbienne. Dans une brochure intitulée : *Des causes de la phtisie pulmonaire et laryngée*, communiquée récemment à l'Académie de médecine, l'auteur attribue la cause de la phtisie, non à un microbe, mais presque toujours à une lésion inflammatoire nerveuse, spécialement à une congestion des nerfs pneumogastriques, occasionnant une altération de la voix par paralysie des cordes vocales.

Comme moyen de traitement, il préconise la voltaïsation par les courants continus sur le trajet du nerf ; mais même à une période avancée de la maladie, il prétend que le séjour de ses malades dans les altitudes élevées a suffi pour en guérir complètement 34 sur 52.

Pour le docteur Libermann, il n'est nullement question du bacille de Koch ; il ne voit comme cause première de la maladie qu'une irritation ou une congestion, qui peut-être due à un corps étranger quelconque.

Cependant de même qu'il y a des graines minuscules de végétaux, qui sont facilement soulevées par le vent et dispersées au loin ; de même il y a des ovules ou des spores de micro-organismes, qui sont répandus en l'air où ils sont tenus en suspension pour retomber parfois sur le sol dans le néant, parfois sur un animal ou sur l'homme où ils pénètrent par les voies respiratoires ou digestives et souvent par la peau. C'est ainsi que trouvant un terrain favorable ces microzoaires ou microphytes se multiplient et se propagent à tel point qu'ils apportent le trouble dans l'organisme qu'ils ont envahi, et souvent la mort, quand cet organisme n'a pas la force de résister, tel qu'on le voit dans la variole, la fièvre typhoïde, la scarlatine, la rougeole.

Mais de ce que ces maladies sont le plus souvent le résultat d'inoculation, de contagion, il ne s'ensuit pas que dans des conditions déterminées les microbes pathogènes, qui y donnent lieu, ne puissent naître spontanément sans germes préformés.

A plus forte raison la tuberculose, qui a surtout pour cause un affaiblissement de l'organisme, peut elle survenir à la suite d'une désorganisation partielle d'un tissu et faire naître spontanément le bacille, qui, en certaines circonstances, peut produire par contagion la même maladie chez un homme sain.

De même qu'on trouve des microbes normaux et d'autres pathogènes, dans les fermentations intestinales, dans la bouche et dans tout autre organe, de même on peut rencontrer le bacille de Koch dans la tuberculose ; il en est des microbes pathogènes de beaucoup de maladies, comme des zimogènes ou champignons qui sont différents suivant les substances en fermentation ; les uns et les autres peuvent naître spontanément. C'est ainsi que dans certaines affections intestinales chez les jeunes enfants, on constate, dans la première partie de l'intestin, l'existence de microbes pathogènes ; tandis que dans la dernière portion, ce sont des espèces différentes.

La tuberculose entéro-mésentérique, vulgairement appelée le *carreau*, est une maladie héréditaire, en ce sens que l'enfant, qui en est atteint, a hérité d'une constitution scrofuleuse ou débilitée, ayant une prédisposition ou *diathèse*, soit parce que les parents ont eu une tumeur blanche, des écrouelles, des caries des os, la phtisie pulmonaire, etc., soit seulement parce qu'ils ont eu une déchéance de l'organisme due à l'alcoolisme ou à toute autre cause.

La cause apparente est une irritation de l'intestin par suite de laquelle se développent des tubercules ;

mais que cette irritation soit l'effet d'une mauvaise alimentation, d'un régime insuffisant ou trop substantiel, la prédisposition ou la diathèse est indispensable à l'évolution des tubercules.

Et cependant dans notre opinion l'organisme ne contient pas déjà la graine ; mais c'est un terrain préparé, soit pour la recevoir, soit pour l'engendrer spontanément.

Sur cette question de prédisposition, nous pouvons nous appuyer sur l'opinion de M. le professeur Peter, qui, dans plusieurs de ses leçons, a vivement insisté sur le fait de l'autoinfection dans beaucoup de maladies infectieuses.

L'oïdium albicans engendrant le muguet ne se développe que dans un milieu acide ; et nous pensons qu'il peut naître spontanément en cas de maladie, comme nous l'avons dit.

Le charbon ou la pustule maligne, qui affecte l'homme aussi bien que les animaux, exige pareillement un terrain préparé, disposé pour son développement. Il est des variétés d'animaux qui ne contractent pas le charbon, même si l'on inocule sous la peau le virus de la maladie, parasite végétal, appelé *bacillus anthracis* (bactéridie de Davaine) ; on cite pour exemple le mouton d'Algérie, qui est réfractaire au charbon (sang de rate), parce qu'il se nourrit d'une plante spéciale, d'une odeur particulière, qui abonde dans ce climat, quoique les moutons en général soient les animaux les plus fréquemment atteints par cette maladie.

C'est ainsi que les oiseaux, les volailles ne contractent pas la maladie du charbon, en raison de l'élévation de leur température, tandis que les animaux à sang froid, tels que les crapauds et les grenouilles y sont réfractaires pour un motif contraire. En effet si l'on abaisse la température des volailles ou si l'on élève celle des grenouilles, les unes et les autres deviennent aptes à prendre la maladie, parce que le microbe peut y vivre et s'y propager.

D'où il suit que dans les maladies contagieuses, comme dans celles qui ne le sont pas, les microbes ne peuvent vivre ni naître que dans certaines conditions déterminées, particulières à chacun d'eux.

Nous citerons également à l'appui l'eczéma, qui n'est pas considéré comme une maladie contagieuse. L'on sait que cette affection de la peau consiste en dartres plus ou moins disséminées en certains endroits ou formant des plaques, laissant suinter un liquide d'abord limpide, puis plus épais, donnant lieu à des croûtes, qui se fendillent en petites écailles ou squames ayant l'apparence du son.

Bien que l'on attribue cette maladie à des causes variées, soit à une irritation de la peau par des agents mécaniques, chimiques ou parasitaires, comme il arrive en cas d'eczéma professionnel, soit à l'ingestion de substances alimentaires ou toxiques, nous pensons que la véritable cause est une cause *constitutionnelle* qu'on appelle la *diathèse herpétique* ou *l'herpétisme*. C'est une disposition spéciale de l'organisme, comme celle de la tuberculose, du cancer ; il faut en tous cas un sujet prédisposé.

On n'a pas encore trouvé le microbe de cette affection. Si l'on en trouve un, l'on ne manquera pas de le considérer comme la cause de la maladie ; pour nous, ce ne serait le plus souvent qu'un produit, lors même qu'en l'inoculant à un homme sain, l'on communiquerait la même maladie, en retrouvant le même microbe, parce qu'il y a deux modes de constitution de certaines affections, qui sont des dérogations à l'état normal ; l'autoinfection et la contagion, qui n'a lieu encore que chez un sujet prédisposé. C'est du reste ce qu'enseigne M. le professeur Peter.

Les eczémas professionnels, dus à des poussières, à une irritation quelconque, disparaissent facilement ; *cessante causa, cessat effectus* ; il en est de même des eczémas dus à l'ingestion de certaines substances alimentaires ; il suffit de se priver de ces aliments.

La guérison des eczémas constitutionnels est souvent difficile à obtenir ; il faut modifier la constitution par un traitement thérapeutique, qui est ordinairement de longue durée. L'eczéma de la goutte, du rhumatisme et de la scrofule tend à devenir fixe et à s'invétérer ; s'il était produit par un microbe spécial, ce serait le microbe de la goutte, du rhumatisme et de la scrofule. On n'est pas encore allé jusque-là. Jusqu'à présent on a attribué ces affections, à des prédispositions de l'organisme, à des diathèses et non à des microbes. Nous devons dire cependant que des médecins n'accordent aujourd'hui la dispense de microbes qu'à la diathèse arthritique, prétendant que la diathèse scrofuleuse n'en serait pas exempte (opinion de M. le professeur Dieulafoy).

L'eczéma herpétique récidive avec une grande facilité et s'aggrave à chaque récidive. On ne peut voir là l'action d'un microbe, qui agirait par intervalles, par intermittence ; l'on doit attribuer cette aggravation, comme la récidive, à une dégradation

de plus en plus grande de l'organisme, à une déchéance ou décomposition, qui s'accentue de plus
en plus, quoique l'eczéma n'entraîne jamais la
mort.

Nous assimilons l'eczéma, comme la tuberculose,
le cancer, au chancre, à la nécrose atteignant le
pommier. C'est toujours un produit résultant de la
constitution du sujet ; la cause n'est pas exclusivement dans un microbe, mais bien plutôt dans un
vice de nutrition, d'assimilation des substances
nutritives plus ou moins nuisibles, produisant une
désorganisation des tissus et par suite la génération spontanée des microbes.

S'il est certaines maladies réputées infectieuses
qui peuvent avoir pour cause des bacilles ou des
bactéries ; il en est d'autres qu'on ne saurait expliquer par la présence de microbes, telles que les
dilatations de l'estomac, le diabète, les anévrys-
mes, les varices, les paralysies, les empoisonne-
ments par des substances toxiques. Dans tous ces
cas il y a altération des tissus ou des éléments du
sang par une cause exclusive de microbes, au
moins le plus souvent : et cependant l'on peut voir
apparaître spontanément différentes espèces de
microbes.

5.

D'autre part dans les maladies infectieuses on voit fréquemment survenir des manifestations secondaires dans lesquelles on découvre plusieurs sortes de bactéries. Il est des affections où l'on a compté jusqu'à quatorze espèces de microbes à la fois. Au lieu de supposer que tous ces microbes sont la cause de la maladie, il est plus rationnel de penser que la maladie fait naître spontanément ces microbes selon la désorganisation des tissus.

Du reste à l'état sain l'organisme contient un grand nombre de microbes tout à fait inoffensifs et même la plupart nécessaires aux fonctions digestives. Ces microbes se développent spontanément dans l'économie par l'association d'éléments organiques, s'effectuant dans le produit des glandes salivaires et autres, dans les fermentations intestinales, etc.

Nous avons cité le pneumocoque, qui se trouve dans la bouche de l'homme sain ; beaucoup d'autres microbes y ont été constatés, tels que celui de la diphtérie, qui vient d'être découvert par MM. Roux et Yersin. Ce microbe existe ordinairement dans la bouche d'enfants en parfaite santé ; il ne manifesterait ses effets nuisibles que lorsque l'intérieur du larynx est enflammé par une cause quelconque, notamment à la suite d'une maladie éruptive, comme la rougeole ou la scarlatine.

Nous répéterons ce que nous avons dit au sujet du pneumocoque, qui intervient dans la pneumonie. C'est toujours là où il y a congestion ou lésion que se produit un développement extraordinaire de bacilles qui se multiplient rapidement, parce qu'ils trouvent un milieu favorable. L'on sait que ce n'est pas seulement par leur présence, par leur action irritative sur les cellules de l'économie, mais aussi par la matière toxique qu'ils sécrètent que tous ces microbes causent la maladie infectieuse : le poison, entraîné dans le torrent de la circulation, infecte ainsi tout l'organisme.

Tout en reconnaissant ici la coopération des microbes, nous pensons que fréquemment ces microbes naissent d'abord spontanément dans la bouche des individus ou bien dans les endroits où s'opèrent des modifications cellulaires, et que ce n'est qu'accidentellement qu'ils sont transmis d'un malade à un homme sain. Il nous paraît évident qu'on est aujourd'hui trop porté généralement à attribuer la cause des maladies à des microbes et qu'on devra reconnaître que si des maladies infectieuses sont dues à la transmission de micro-organismes tout formés ou à l'état de germe, il en est d'autres, qui font naître les bactéries spontanément. Il convient, comme nous l'avons dit, d'assimiler la création des microbes pathogènes à celle des zimogènes qui produisent les fermentations ; les uns et les autres se forment ordinairement par l'association d'éléments organiques avec des éléments cellulaires des substances.

Pour connaître les causes des maladies contagieuses, on a cherché les microbes, qui engendrent ces maladies ; on a cultivé ceux qu'on a cru trouver ; puis on les a inoculés après atténuation du virus à des animaux sains ; et lorsque ces micro-organismes ont donné lieu aux mêmes symptômes observés chez les malades, atteints d'une affection contagieuse, on en a conclu que les microbes ainsi cultivés et inoculés étaient la cause exclusive de telle ou telle maladie contagieuse d'où ils provenaient, sans distinguer si originairement ils avaient été transmis ou s'ils étaient nés spontanément ; de cette propagation on est arrivé à nier toute génération spontanée !

L'atténuation de la virulence des microbes est obtenue tant au moyen de l'emploi de bouillons de culture successifs qu'en laissant écouler un temps plus ou moins long pour les générations bacillaires entre la date de l'extraction des microbes et celle de la culture.

M. Pasteur qui s'est livré à ces recherches et à ces cultures, a cultivé plusieurs de ces microbes, notamment la bactéridie charbonneuse, qui a été observée primitivement par Davaine, le microbe produisant le rouget des porcs, celui du choléra des poules. Koch a trouvé le bacille de la tuberculose ou de la phtisie pulmonaire ainsi que le bacille virgule du choléra indien. Le bacille de la diphtérie, signalé par Klebs dans les fausses membranes du croup, a été reconnu récemment par MM. Roux et Yersin, comme étant bien la cause de la diphtérie ; celui de la syphilis, celui de la rougeole, comme beaucoup d'autres, restent encore à découvrir.

Mais ces découvertes de microbes ont-elles un autre intérêt que celui de faciliter le diagnostic de la maladie? En admettant que les maladies contagieuses aient chacune pour cause un microbe spécifique, peut-on par inoculation de ce microbe, après atténuation du virus par la culture, préserver de certaines maladies telles que la rage et le charbon, comme M. Pasteur prétend le faire, *sans danger?*

Si le vaccin de la variole, pris sur la vache où le cowpox naît spontanément, préserve l'homme de

la maladie, c'est parce qu'il apporte dans l'organisme des modifications qu'on ne sait expliquer,
mais le cowpox, venant d'une génisse saine, est
sans inconvénient grave ; tandis que le microbe de
la variole pris sur l'homme, comme on le faisait
avant la découverte de Jenner, avait le plus souvent
de fâcheuses conséquences, en inoculant la terrible
maladie qu'on voulait conjurer.

Ce n'est pas seulement au moyen de microbes
cultivés et inoculés qu'on parvient à préserver de
certaines affections contagieuses ; l'immunité serait
aussi obtenue par l'emploi de vaccins chimiques. Ces
vaccins ne contiennent aucun microbe, ils consistent
seulement en un bouillon de culture ayant atteint
120 degrés pendant 20 minutes pour tuer tous les
microbes. Le vaccin chimique de la rage n'est pas
encore connu ; celui du choléra asiatique découvert
par le docteur russe Gamaléïa, expérimenté sur des
pigeons, a rendu ces oiseaux réfractaires au choléra. M. Gamaléïa devait se rendre à Paris dans les
derniers mois de 1888 pour faire ses expériences
démonstratives ; mais nous ignorons ce qu'il est
advenu.

Le vaccin chimique produirait-il les mêmes effets
que le cowpox employé comme vaccin de la variole,

qui a pourtant aussi ses adversaires? En tout cas il aurait probablement un grand avantage sur les inoculations pastoriennes, celui d'être moins dangereux.

Il est bien reconnu que le microbe n'est pas le seul élément actif, le seul agent de la maladie, que le milieu est un autre facteur, que dans certains cas l'organisme est réfractaire; il jouit de l'immunité; tandis que dans d'autres, c'est un terrain tout préparé pour la maladie; bien plus le microbe inoffensif, quand il est inoculé, acquiert souvent dans le milieu une très grande virulence.

Eh bien! ce qui avait lieu pour le vaccin de la variole pris chez l'homme varioleux peut se reproduire pour le vaccin de la rage, du charbon, etc.; le milieu vivant peut rendre au microbe la virulence qu'il avait perdue; et l'inoculation, en ce cas, au lieu d'être préventive, peut causer la mort.

Nous désirerions voir employer d'autres moyens moins périlleux, comme préservatifs des maladies contagieuses, et surtout être bien convaincu de leur efficacité constante. Nous attendons ce résultat des progrès que fait chaque jour la science médicale. A cet égard nous ne pouvons qu'encourager le Dr Gamaléïa à persévérer dans la voie où il s'est engagé.

Nous n'avons pas à parler des pluies d'animaux, tels que grenouilles, crapauds, poissons, salamandres, sangsues, etc., parce que nous ne saurions les invoquer à l'appui de la génération spontanée.

Quoi qu'il y ait dans l'air atmosphérique les trois éléments nécessaires pour créer spontanément des germes : substance organique sous forme de poussière, air et eau, nous n'y voyons pas le milieu favorable pour le développement d'animaux d'un ordre supérieur ; en supposant que de pareils animaux puissent naître spontanément dans l'air atmosphérique, parce qu'il y aurait eu dans certains nuages association d'éléments organiques pour la constitution de leurs germes, comme pour la production d'êtres microscopiques, il n'y aurait pas de substances organiques provenant de végétaux ou d'animaux ayant déjà vécu, en quantité suffisante pour la nutrition et le développement de ces animaux.

Nous ne mettons pas en doute les faits qu'on rapporte au sujet de ces pluies d'animaux ; car beaucoup de personnes attestent avoir constaté des pluies de grenouilles à la suite d'orages.

Tout récemment au mois de juillet 1888, l'on a vu dans les environs de Nantua dans le département de l'Ain, une pluie de grenouilles en quantité si considérable qu'on en a trouvé non seulement sur le sol et sur les eaux d'un étang, mais sur les branches d'arbres et sur le toit des maisons.

M. l'amiral Jurien de la Gravière a lui-même raconté dernièrement avoir été témoin dans la campagne près de Toulon d'une pluie de poissons survenue à la suite d'un orage. Ces poissons étaient très petits, mais en quantité considérable.

Il explique ce phénomène, en disant que souvent les trombes marines soulèvent et transportent au loin dans leurs mouvements de tourbillon d'énormes quantités d'eau et laissent ensuite retomber cette eau en pluie à des distances éloignées avec les petits animaux qui avaient été ainsi entraînés.

L'explication que donne M. Jurien de la Gravière peut être exacte, lorsqu'il s'agit de pluies de poissons ; mais pour les animaux qui peuvent vivre hors de l'eau et se cacher dans des retraites à l'abri des bourrasques, nous ne pensons pas que cette explication soit entièrement satisfaisante.

Ceci est du reste en dehors de notre sujet.

Nous devons plutôt examiner la question de la génération spontanée, en ce qui concerne les parasites visibles à l'œil nu.

Les poux, par exemple, se propagent souvent en

se transportant d'un individu affecté à un autre soit par les vêtements, soit autrement ; mais nous pensons qu'ils naissent aussi spontanément. D'abord les poux diffèrent selon les espèces animales aux dépens desquelles ils vivent, suivant les conditions de génération. Le pou de la tête des jeunes enfants n'est pas le même que celui qu'on trouve sur le corps des gens malpropres, crasseux ; l'un et l'autre sont différents du pou du pubis (morpion) et des poux des animaux, par exemple, de ceux des volailles (liothé et dermanysse). « Chaque espèce d'animal, dit Burdach, a une espèce particulière de vermine ; le pou de l'homme, par exemple, ne se trouve chez aucun animal ». « Le pou des gens crasseux diffère même du pou des malades (de Lanessan) » ; puis il suffit de remarquer que des enfants en bas âge tenus proprement et isolés, à l'abri de toute transmission, ont souvent des poux de tête, qui sont très abondants dans la cachexie scrofuleuse.

L'on peut se convaincre que les poux de corps naissent sur les individus crasseux et même sur certains valétudinaires ; en faisant couvrir ces individus de flanelle, une grande quantité de poux apparaissent au bout de peu de jours. En temps ordinaire s'ils ne portent pas de gilet de flanelle, ils n'ont pas de poux. L'on ne peut soutenir que les germes étaient dans la flanelle ; car sur d'autres personnes portant la même sorte de flanelle, on ne voit pas survenir de poux.

En général les parasites, vivant de la substance même des êtres qui les supportent, peuvent naître spontanément par la formation d'éléments organiques s'associant avec d'autres éléments cellulaires des mêmes êtres. Sous ce rapport nous assimilons les parasites aux microbes qui naissent spontanément dans des conditions tout à fait exceptionnelles.

Par les considérations ci-dessus exprimées, nous croyons pouvoir affirmer l'existence de la génération spontanée, non seulement dans le passé ; ce qui nous paraît incontestable, mais même de nos jours, au moins pour les espèces végétales et pour les espèces animales d'un degré inférieur. La puissance créatrice de notre globe qu'on désigne sous le nom de nature agit constamment d'une manière continue ; elle procède toujours plus ou moins lentement ; elle ne fait pas de saut, a-t-on dit ; elle forme les minéraux suivant les règles que nous avons fait connaître par l'union de deux ou plusieurs substances différentes qui se combinent entre elles par une force attractive variable, selon le degré d'assimilation ou en raison de leurs affinités chimiques (voir notre Traité de minéralogie).

Les êtres organisés exigent d'autres conditions ; leur constitution n'a lieu qu'autant que la combinaison d'éléments organiques fait naître une force génératrice, qui par des transformations successives, fait évoluer le germe et toutes les cellules qui en dérivent pour atteindre le but que s'est proposé l'ingénieur suprême.

Au lieu de voir le principe de toute génération dans une cellule primitive, dans un germe primordial, nous le trouvons dans la puissance créatrice inhérente au globe terrestre, constituant d'abord des éléments organiques qui, dans leur évolution deviennent des germes différents, selon le milieu ambiant et les autres conditions morphologiques, sauf aux espèces ainsi créées à se propager par d'autres modes et à pulluler selon les vues du Créateur.

Dans notre système, tout s'explique, tout s'enchaîne ; au contraire, si l'on rejette la génération spontanée, si on limite la puissance créatrice à la propagation des espèces créées, on ne peut se rendre compte pas plus de la création des espèces végétales que de celle des espèces animales.

En réalité l'homogénie ne peut expliquer la création des espèces, puisqu'elle n'admet ni génération
spontanée, ni transformation d'une espèce en une
autre ; en présence d'une telle lacune nous pensons
qu'on ne doit pas s'arrêter à cette doctrine qui n'explique rien.

§ 2. — DU TRANSFORMISME

Nous devons maintenant examiner la théorie du
transformisme, après avoir admis la génération
spontanée.

Il s'agit de savoir si toutes les espèces sont nées
spontanément suivant les conditions de milieu, de
terrain, de substance, de climat et autres circonstances particulières, ou si elles sont nées dans ces
mêmes conditions les unes des autres ; en sorte que
le monde vivant aurait pour origine une cellule primordiale ? Nous croyons que la vérité n'est pas
exclusivement dans l'une ou l'autre de ces propositions, que toutes deux peuvent recevoir leur application selon les espèces.

La théorie du transformisme s'appuie sur un certain nombre de faits généraux que ses partisans
considèrent comme démontrés par l'expérience ou

l'observation et d'où ils font résulter les lois suivantes :

1° La loi de reproduction ; 2° la loi des corrélations de croissance ; 3° la loi d'hérédité ; 4° la loi de
multiplication géométrique des espèces et de multiplication arithmétique des aliments ; 5° la loi de
constance dans les formes en raison de la simplicité
de structure.

Nous allons passer en revue successivement chacune de ces lois, et voir si l'on peut en tirer une
conclusion positive en faveur de la théorie.

1° La loi de reproduction est fondée sur ce que
les êtres ont une tendance à transmettre la vie à
leurs descendants avec des caractères non pas identiques, mais variés. A cela l'on peut répondre que
la variété ne change pas les caractères de l'espèce ;
si deux frères diffèrent par la taille, par la coloration des cheveux, par les traits du visage, etc. ; tout
cela ne change pas le type primitif ; l'on voit même
revivre souvent le portrait des ascendants dans
quelques-uns des petits-enfants : la variété résulte
en général de l'influence exercée par l'un des con-
joints.

De ce que la fécondité est en rapport inverse de
la grandeur de l'animal, on ne peut en rien conclure

en faveur du transformisme ; il n'y a là qu'un acte de prévision de la part du Créateur, qui a accordé aux êtres les plus petits, les plus faibles, des moyens de reproduction plus grands, en raison de ce qu'ils sont la proie des plus forts, le tout pour la conservation des espèces et pour la durée de son œuvre.

On ne peut pas davantage s'appuyer sur la durée de la gestation, qui serait en raison directe de la grandeur de l'animal ; de ce que cette durée est de 20 mois pour l'éléphant, le plus grand des animaux terrestres, de 16 mois pour le rhinocéros, de 12 pour la girafe ; tandis qu'elle n'est que de 30 jours pour le lapin et de moins encore pour de plus petits animaux, il ne s'ensuit pas que l'éléphant provienne du rhinocéros et celui-ci de la girafe ; car dans cette hypothèse l'homme pourrait avoir pour ancêtre non une espèce qui lui ressemble le plus, mais un animal qui aurait une durée de gestation, qui se rapprocherait davantage de celle de la femme ; puis l'homme, qui est le dernier être apparu sur la terre, se trouverait avoir précédé les grands animaux ; ce qui n'est pas.

De ce que la fécondité est plus grande chez un animal domestique que chez le sauvage de même espèce, cela ne prouve nullement que le premier puisse produire une autre espèce ; la différence peut être attribuée à ce que l'un se trouve dans de meilleures conditions de nourriture et de logement que l'autre.

2° La loi des corrélations de croissance, en vertu de laquelle un organe, qui se modifie, entraîne parallèlement la modification d'un autre organe, est très contestable ; et en tous cas elle ne prouve pas qu'il en résulte des modifications persistantes dans l'espèce animale ; on ne peut invoquer aucune observation probante.

3° La loi d'hérédité, en vertu de laquelle les êtres transmettent à leur progéniture leurs principaux caractères ne prouve pas le changement de l'espèce, mais seulement l'appropriation de certains caractères, qui peuvent se transmettre dans la même race, encore faut-il distinguer entre les modifications organiques spontanées naturelles, et celles qui sont artificielles, c'est-à-dire résultant de mutilations ; ces dernières ne sont pas transmissibles.

On invoquerait plutôt la loi d'hérédité en faveur de l'homogénie, puisque l'axiome fondamental est que le semblable produit le semblable ; mais nous ne voyons toujours que des variétés, qui sont dans

le plan de la création pour la plus grande magnifi-
cence du monde terrestre.

4° La loi de progression géométrique des espèces
et de progression arithmétique des aliments, fut-
elle bien établie, ne prouverait pas que les espèces
subissent des modifications, mais seulement qu'il
n'est pas nécessaire que la progression des aliments
croissent dans la même proportion que les espèces,
parce que celles-ci ont à subir dans leur progéniture les causes de destruction les plus diverses.

Mais cette loi ne nous paraît pas démontrée ; par
exemple, les petits poissons, qui servent d'aliments
aux gros, croissent dans une proportion plus grande ;
de même que les petits animaux, qui servent d'aliments aux carnassiers, sont plus féconds que ces
derniers. Nous ne saurions dire si certains animaux
croissent toujours en progression géométrique (qui
est une suite de nombres tels que chacun d'eux est
égal au précédent *multiplié* par une quantité constante, comme 2,4,8,16,32, etc) ; et si d'autres croissent seulement en progression arithmétique (dans
laquelle chacun des nombres qui suit est égal au
précédent, *additionné* d'une quantité constante, par
exemple 2,4,6,8,10 ; où chacun des nombres est
augmenté du même chiffre 2) ; en tous cas nous ne

6

voyons pas dans cette prétendue loi un argument en faveur du transformisme.

5° La loi de constance des formes, en raison de la simplicité de structure, s'énonce ainsi : plus la structure des êtres est simple, plus ils sont cons-tants dans leurs formes et dans leur organisation. Cette loi peut plutôt être invoquée contre le trans-formisme qu'en sa faveur, parce qu'il est plus diffi-cile de comprendre la transformation d'une espèce en une autre dans les êtres inférieurs. Nous ne voyons dans cette loi qu'un fait bien naturel ; plus un être a de caractères, plus il est susceptible de recevoir des modifications ; tandis que les êtres les plus simples ne peuvent en subir aucune, à moins de changer leur espèce.

Darwin a fondé sa théorie non sur ces lois, mais sur ce qu'il appelle la lutte pour la vie ou la concur-rence vitale et sur la sélection naturelle.

Les animaux, comme les plantes, luttent en effet pour se procurer les aliments nécessaires à leur subsistance. Si les plantes les plus vigoureuses prennent les sucs de la terre à leur portée au détri-ment de plantes plus faibles, les animaux non seu-lement accaparent les aliments, qui leur conviennent, en combattant les plus petits animaux, les plus faibles ; mais les carnassiers font même leur nourriture de ceux-ci, après s'en être emparés.

Les êtres n'ont pas seulement à lutter pour conquérir leur subsistance ; ils ont aussi à se défendre contre l'ensemble des conditions atmosphériques, qui sont comprises sous le nom de *climat ;* ces luttes, qui entraînent parfois la destruction entière d'une espèce, ne prouvent pas qu'une autre succède à celle-ci, mais seulement que les espèces ou les individus les mieux doués triomphent dans la lutte et continuent à se propager.

Nous comprenons qu'une espèce animale détruise une autre espèce plus faible pour s'en nourrir ou pour l'empêcher de se repaître des mêmes aliments, comme une espèce végétale l'emporte en multiplication, en végétation, sur d'autres moins bien douées ou que celles-ci résistent moins bien au froid ou à la chaleur et succombent d'une manière ou d'une autre pour s'éteindre complètement. Mais ces destructions, en permettant aux plus forts de trouver plus facilement leur nourriture, ne nous paraissent pas engendrer de nouvelles espèces.

Que notre abeille importée en Australie extermine bientôt la mélipone, petite abeille sans aiguillon, qui y est indigène ; que la souris qui était seule connue des anciens, ait été à une certaine époque obligée de céder une partie de son antique domaine au rat noir ; que celui-ci ait été attaqué à son tour en France vers 1750 par le surmulot que les navires de commerce avaient apporté de l'Inde et de la Perse : tout cela ne fait pas naître une nouvelle espèce.

Sans doute la fécondité est un grand avantage pour la propagation d'une espèce ; mais avant de la propager, il faut qu'elle existe ; et il s'agit précisément de savoir comment elle peut naître comme espèce et non par quels moyens elle peut se conserver.

Ce qu'il y a de curieux, c'est que l'auteur que nous avons cité, nous donne comme conclusion de ces faits, non pas que les espèces naissent les unes des autres, mais que la terre, qui apparaît comme un vaste champ de bataille où les individus et les espèces se font, avec des fortunes diverses, une guerre acharnée, conserve l'équilibre de ses forces pendant une longue série de siècles.

En cela il n'est que l'écho du maître ; Darwin s'exprime en effet ainsi à ce sujet : « Les anciennes ruines indiennes du midi des Etats-Unis, qui doivent avoir été autrefois dépouillées d'arbres, dé-

ploient maintenant la même diversité et les mêmes
essences en même proportion que les forêts vierges
environnantes. Quel combat doit s'être livré pendant de longs siècles entre les différentes espèces
d'arbres, chacune d'elles répandant annuellement
ses graines par milliers ! Quelle guerre d'insecte à
insecte et des insectes, des limaçons, et d'autres
animaux contre les oiseaux et les bêtes de proie,
tous s'efforçant de multiplier, et tous se nourrissant les uns des autres ou vivant des arbres, de
leurs graines, de leurs jeunes plantes ou des autres
plantes, qui d'abord couvraient la terre et empê-
chaient par conséquent la croissance des arbres ! »

. . . .

« Batailles sur batailles se livrent constamment
avec des succès divers et cependant l'équilibre des
forces est si parfaitement balancé dans la suite des
temps que l'aspect de la nature demeure le même
pendant de longues périodes, bien qu'il suffise souvent d'un rien pour donner la victoire à un être
organisé au lieu d'un autre. Néanmoins notre igno-
rance est si profonde et notre présomption si haute
que nous nous émerveillons d'apprendre la destruction d'une espèce: et parce que nous n'en
voyons pas la cause nous invoquons les cataclys-

mes pour désoler le monde ou nous inventons des lois sur la durée des formes vivantes. »

Comme on le voit, il s'agit toujours de la destruction d'une espèce, mais non de la concurrence vitale pour faire naître une plante nouvelle ou un animal différent.

On invoque encore en faveur de la théorie, la *sélection naturelle*, par analogie avec la sélection de l'homme, agissant sur les plantes ou sur les animaux pour obtenir, dans une espèce, des qualités dont il puisse tirer profit.

Si l'homme par ses cultures, par ses croisements, obtient des variétés dont on s'émerveille, il n'en résulte pas qu'il y ait jamais création d'une autre espèce.

D'abord la sélection (selectio), qu'elle soit faite par l'homme ou par la nature, n'est qu'un choix entre des choses qui existent déjà, pour y apporter des modifications, il est vrai. mais ces modifications ne changent pas les espèces.

Tous les exemples que l'on cite se rapportent toujours à des animaux ou à des plantes de même espèce.

Ce que l'homme fait, nous dit-on, d'une manière méthodique et consciente, la nature le fait à la longue, par l'action des lois qui régissent le monde physique. On ajoute : par *nature* il faut entendre l'action combinée et le résultat complexe des lois naturelles. Quelle singulière idée l'on se fait de la nature! Ce n'est pas précisément un être fictif; c'est une action combinée et un résultat des lois ! L'homme est un être réel qui agit avec intelligence, quand il fait un choix, une sélection ; les transformistes ne voient pas dans la nature une machine, un être réel, agissant avec ou sans intelligence, en faisant ses productions, en les perfectionnant pendant de longues périodes géologiques. Sans doute il existe des lois suivant lesquelles les faits s'accomplissent ; mais ce ne sont pas les lois qui agissent ; car les lois ne sont que des règles auxquelles la nature se conforme, des limites entre lesquelles peuvent s'exercer les actions de certains corps animés ou inanimés ; il s'agit donc de définir ce qu'on doit entendre par nature. Nous avons expliqué déjà, et nous croyons qu'il est bon d'insister, que, pour nous, la nature, est ici l'ensemble des forces inhérentes à notre globe terrestre, n'agissant pas avec intelligence, comme l'homme, mais comme une machine bien organisée, devant donner des produits selon les prévisions de l'ingénieur, produits variant

selon les conditions de milieu, de climat, et toutes
circonstances exceptionnelles. La terre agit, comme
les plantes, inconsciemment, c'est-à-dire que les
plantes empruntent aux forces de la nature celles
qui les font pousser, se développer et se propager ;
mais dans tous les choix que fait la nature pour
créer des êtres vivants, il s'agit de savoir précisément si elle se sert exclusivement d'un être déjà
existant pour en créer un autre, qui diffère comme
espèce et non pas seulement comme variété.

Des conditions dans lesquelles ont lieu les variétés l'on en fait des causes de sélection de la nature ;
nous admettons l'équivalence comme démontrée,
lorsqu'il s'agit de variété d'une espèce, mais pour
transformer une espèce en une autre il faut d'autres,
circonstances.

Nous reconnaissons que le climat ou le milieu
ambiant est une cause de modification des plantes
plus encore dans leur système végétatif que dans
leur système reproducteur ; mais nous ne voyons
rien dans les propositions suivantes s'appliquant à
l'espèce végétale ; il s'agit toujours de variétés.

1° Un sol riche, ombragé et humide élève la taille
fait prédominer les parties foliacées sur les organes
reproducteurs.

Chaque espèce possède ainsi une variété *um-brosa*.

2° Un terrain sableux, aride, insolé, produit des effets opposés ; petitesse de la taille, sécheresse des tissus, coloration plus intense, villosité plus prononcée. C'est la variété *ségétalis*.

3° Lorsque la chaleur a fait défaut et que le vent a sévi, la plante rabougrie, déprimée, semble ne pouvoir se détacher de la terre, qui la nourrit, l'échauffe et l'abrite. Elle est constituée par une simple rosette de feuilles, au milieu de laquelle se détache à peine un style florifère raccourci, portant deux ou trois fleurs en apparence sessiles. C'est la variété *alpine*.

4° L'immersion continue dans l'eau détermine des changements remarquables. Les feuilles s'allongent et se découpent souvent en divisions capillaires. C'est la variété *aquatilis*.

5° L'eau salée et l'atmosphère maritime produisent une taille plus courte et plus robuste, des plantes trapues munies de tiges ou de feuilles charnues, succulentes, souvent glabres, parfois pourtant plus chargées de poils que dans les types. C'est la variété *maritime*.

L'action du milieu ambiant exerce aussi son

influence sur les animaux : 1° Le froid stimule la sensibilité et la circulation capillaire de la peau ; il augmente l'hématose cutanée pour maintenir la chaleur périphérique, afin de résister à la température extérieure, provoque à l'exercice musculaire et conséquemment à la dépense du combustible, aiguise l'appétit et rend plus actives les fonctions digestives. Il appelle ainsi des aliments plus substantiels et favorise la nutrition. En définitive il développe la masse du corps et crée le tempérament *sanguin*.

2° L'action du chaud n'est pas moins puissante. L'air, dilaté par la chaleur, fournit à chaque inspiration pulmonaire une moindre quantité d'oxygène ; par conséquent la combustion des aliments ne peut se faire que d'une manière incomplète ; il est donc nécessaire que le foie sécrète une quantité plus considérable de bile, afin d'éliminer les matières incomburées. Cette sécrétion active amène un plus grand développement de l'organe sécréteur ; d'où le tempérament *hépatique* propre aux peuples tropicaux.

Nous comprenons que les fonctions physiologiques étant modifiées par le climat, les organes subissent à la longue une altération que l'habitude fixe et que l'hérédité transmet ; mais l'acclimatation n'a jamais fait transformer une espèce en une autre au moins de nos jours.

La nourriture, l'habitude et l'exercice ont également une influence incontestable sur le développement des organes ; mais il n'en résulte pas un changement d'espèce. Darwin cite ce fait : Dans l'île de Madère certains coléoptères sont à peu près dépourvus d'ailes, tandis que d'autres en ont de très vigoureuses ; il attribue ce phénomène à la violence du vent de mer. Pour lui parmi ces coléoptères, les uns auraient renoncé à lutter contre le vent, se tenant cachés jusqu'à ce que le vent tombe ; le défaut d'exercice aurait entraîné l'atrophie de leurs ailes ; tandis que les autres en persistant victorieusement, auraient fortifié par l'exercice leurs ailes qui auraient ainsi acquis un plus grand développement.

Il nous paraît difficile d'admettre que des coléoptères n'aient pas fait usage de leurs ailes en temps d'accalmie et qu'il y ait eu atrophie par suite d'un défaut d'exercice ; nous pensons au contraire que la nature a créé ainsi des coléoptères sans ailes et d'autres avec ailes, comme elle crée des fourmis, des punaises, etc. ayant ou non cet appendice ; dans tous les cas il n'y a pas changement d'espèce.

La même question se présente pour la taupe, qui

n'a que des yeux rudimentaires ; a-t-elle perdu la vue par défaut d'exercice ou bien la nature l'a-t-elle privée du sens visuel, parce que cet animal, étant obligé de vivre dans l'obscurité, n'avait pas besoin d'y voir, le sens du toucher et celui de l'odorat lui étant plus utiles ? Cette dernière raison nous paraît plus rationnelle.

Nous répéterons ici ce que nous avons dit relativement au développement des organes par l'exercice auquel les animaux sont habituellement soumis. Ces organes sont bien en effet en ce cas fortifiés ; ils acquièrent un accroissement sensible. Mais nous n'admettons pas le principe sur lequel se basent les transformistes : que la fonction fait naître l'organe, parce que nous voyons toujours l'organe créé avant l'exercice de la fonction, avant même que le besoin se fasse sentir. Nous constatons que les animaux supérieurs sortent du sein maternel avec des poumons ou des branchies tout formés pour respirer l'air vital qui leur est nécessaire et avec un appareil digestif capable d'absorber les aliments indispensables à leur nutrition, comme les testicules et les ovaires sont constitués avant que le désir ou l'instinct de la procréation sollicite les animaux au rapprochement sexuel.

Nous rejetons sous ce rapport la doctrine du transformisme, suivant laquelle les espèces se constitueraient par le développement d'organes soumis à un exercice le plus souvent accidentel dans des conditions plus ou moins exceptionnelles.

L'on conçoit que le défaut d'exercice d'un membre entraîne l'atrophie de ce membre et qu'à la longue dans les générations successives il y ait même disparition complète ; mais quand il s'agit de créer un membre ou un organe, qui n'existe pas dans une espèce animale, nous ne pensons pas qu'il suffise à l'animal de tenter d'exercer la fonction pour faire naître l'organe correspondant. Par exemple, l'homme ne pourrait acquérir des ailes en essayant de voler en l'air, parce que les fonctions sont toujours en rapport avec les organes qui sont naturellement départis suivant le plan de la création ; et nous concluons en disant avec Cl. Bernard que de nouvelles espèces organisées ne peuvent naître en dehors des formes qui existent réellement ou virtuellement, dans les lois organogéniques.

Nous ne parlerons pas de la lutte pour la possession des femelles que les transformistes considèrent comme une cause de sélection : d'abord en supposant qu'il y ait lutte pour toute espèce d'animaux, cela ne ferait pas naître de nouvelles espèces ; il pourrait y avoir seulement comme résultat final, amélioration de l'espèce victorieuse, en ce que la victoire restant aux plus forts, leur postérité serait supérieure en forces ; du reste cette amélioration est loin de se réaliser toujours.

On ne peut pas davantage rien conclure en faveur du transformisme à raison des rapports mutuels entre tous les êtres organisés ; il ne s'agit toujours comme résultat final que de la disparition ou de la destruction d'une espèce, mais jamais d'une création nouvelle.

Nous ne pensons pas qu'on puisse parler de sélection, quand la nature crée une espèce nouvelle animale ou végétale, la nature ou la force créatrice de notre globe ne fait pas en ce cas un choix entre une forme ou une autre, comme le ferait l'homme ; elle agit inconsciemment suivant des conditions déterminées et pour suivre le plan conçu par le grand architecte ; elle crée une forme nouvelle, comme une machine industrielle donne un produit nouveau ; mais il s'agit de savoir si, pour cette création, elle emprunte les procédés de génération à une autre espèce, s'en rapprochant le plus et en faisant subir à la nouvelle génération des modifications telles qu'il en résulte un type nouveau, ou si elle crée avec des éléments organiques un nouveau germe, qui évoluerait de la même manière que la cellule primordiale, qui a été le point de départ de tous les êtres vivants suivant la théorie du transformisme. Dans ce dernier cas chaque espèce serait le résultat d'une évolution particulière prenant son origine dans une génération spontanée. Les phases successives par lesquelles passent les mammifères dans leur évolution embryonnaire appelée évolution abrégée, ne pourraient être considérées comme la reproduction transitoire de types antérieurs, d'où ils proviendraient ; on y verrait les mêmes procédés d'évolution témoignant des caractères communs à toute la classe dont ils font partie.

D'après le positivisme il n'y aurait pas lieu de chercher à résoudre cette question, parce que les causes premières et finales, les origines et les destinées rentrent dans les choses qui échappent à notre connaissance, comme n'étant pas susceptibles de vérification et par conséquent se trouvant en dehors de la science.

« Toutes les questions absolues, a écrit Littré (A. Comte et la philosophie positive, 1863, p. 107). c'est-à-dire les questions qui s'occupent de l'ori-

gine et de la fin des choses, sont hors du domaine
de la connaissance humaine, et par conséquent ne
peuvent plus diriger les esprits dans la recherche,
les hommes dans la conduite et les sociétés dans le
développement. L'origine des choses nous n'y avons
pas été ; la fin des choses nous n'y sommes pas ;
nous n'avons donc aucun moyen de connaître ni
cette origine ni cette fin. »

Nous répondons avec Huxley : « qu'on le veuille
ou non, le problème des origines s'impose tyranni-
quement à l'esprit de la grande majorité de ceux
qui, délivrés un moment des plus dures nécessités
de la vie, ont le loisir de réfléchir ; de telle sorte
que celui qui se déclare impuissant à le résoudre,
renonce à toute part importante dans la direction
mentale de l'humanité ».

D'après Littré, si la solution du problème est inac-
cessible à l'esprit humain, le problème n'en existe
pas moins ; et comme le dit Huxley, la science ne
peut s'interdire toute recherche des origines sous
peine d'abdiquer en faveur d'une cosmogonie quelconque « alors même, on l'a vu, que son absurdité
heurterait jusqu'au sens commun le plus vulgaire ».

.... « je dirai plus, il faut qu'elle anime de son souffle et qu'elle donne des méthodes à tout ce qui,

pour l'esprit humain, est actuellement matière à démonstration ou à foi ».

Nous ne pensons pas d'ailleurs qu'on puisse limiter le champ de la science ; ce qui était inconnu hier est aujourd'hui connu ; c'est en s'appuyant sur des faits, sur de nouvelles découvertes dans les couches géologiques que la paléontologie accomplit ses progrès.

C'est en faisant de nouvelles expériences, en ayant recours à des instruments plus perfectionnés que les sciences physico-chimiques et physiologiques nous font découvrir de nouveaux horizons et émettre des théories renversant les anciennes idées.

Quoi qu'il en soit, si nous ne pouvons raisonner scientifiquement sur la question d'origine des espèces, nous devons au moins essayer de présenter des hypothèses satisfaisantes pour l'esprit toujours à la recherche des causes des choses.

Nous serions disposés à supposer que toutes les formes inférieures les plus simples sont le produit chacune d'une génération spontanée ; tandis que pour les espèces d'un degré d'organisation supérieure, la nature n'aurait procédé que par une série de modifications successives dans les êtres primitivement créés, de manière à produire, avec le secours du temps et des révolutions géologiques, les espèces variées qui existent aujourd'hui ; la théorie du transformisme recevrait ainsi son application ; mais nous ne pouvons nous fonder sur aucun fait expérimental concluant ; nous n'aurons que des considérations à présenter. La lenteur des transformations des espèces animales, conséquence des modifications géologiques, ne nous permet pas de faire des observations scientifiques, se rapportant au temps actuel. Nous ne pouvons nous appuyer que sur la géologie et la paléontologie.

Quels que soient les procédés employés, la nature c'est-à-dire notre planète se conformerait dans ses créations au plan du grand architecte, qu'elle exécuterait inconsciemment ; elle créerait des plantes et des animaux suivant les modifications qui résulteraient de sa propre évolution.

Nous le répétons, nous n'admettons que sous réserve l'analogie qu'on prétend établir entre le choix ou la sélection de l'homme pour améliorer la race d'une espèce animale ou pour obtenir de plus belles plantes, et la prétendue sélection que ferait la nature pour créer des espèces différentes. L'homme agit avec intelligence, avec intention, en développant certaines qualités d'un animal ou d'une plante :

tandis que les forces créatrices de la nature s'exer-
cent inconsciemment suivant les conditions de
milieu, de climat, de température; elles agissent
irrésistiblement, comme les rouages d'une machine
mus par des forces physiques et donnant des produits divers selon les substances et les manœuvres
employées.

Nous pensons que la différence des caractères
dans les êtres vivants n'est pas la conséquence d'une
sélection naturelle, mais de l'application des forces
créatrices de la nature à des éléments organiques
dans des conditions différentes, que si l'homme
peut obtenir par des croisements ou autrement des
variétés diverses d'animaux ou de plantes, ce n'est
qu'autant qu'il reste, comme la nature, dans les
limites du plan de la création : s'il modifie avanta-
geusement pour lui les pigeons, les chevaux, les
bœufs, les chiens, etc., il ne déroge pas en cela aux
lois qui régissent la fixité des espèces ; il ne crée
pas de types nouveaux.

Les monstres, qui se produisent quelquefois naturellement, ne sont que des dérogations aux lois de
la nature par suite d'entraves apportées à la réalisation des phénomènes normaux soit arrêt de développement, soit déviation pour une cause excep-

tionnelle ; ce qui prouve que la nature n'agit pas avec intelligence et que le Créateur n'intervient pas dans l'exécution de toutes les parties de son œuvre.

Vouloir que le Créateur agisse dans tous les détails de la création, c'est le mettre au-dessous de l'ingénieur qui construit des machines fonctionnant en dehors de sa surveillance.

De ce que les espèces éteintes ne reparaissent plus, on ne peut conclure à la création d'espèces nouvelles, qui remplacent celles qui ont disparu.

Pour les homogénistes, il est impossible qu'une espèce éteinte reparaisse, puisque la seule cause créatrice qu'ils admettent, un être semblable, manque absolument ; mais pour les partisans de la génération spontanée, cette impossibilité n'existerait pas ; il y aurait seulement une raison de progrès dans l'évolution des êtres, qui tendent à se perfectionner de plus en plus. Du reste la loi qui régit la vie des individus, paraît s'appliquer aux espèces qui naissent, se multiplient et périssent, laissant la place à d'autres, qui subiront à leur tour les mêmes vicissitudes. Tout se réalise suivant le plan de la création.

Nous croyons avec les transformistes que la différence des caractères dans les espèces, obtenue par

un moyen ou par un autre, est une variation poussée
au delà des limites normales par suite de circonstances exceptionnelles, que ces variations et divergences de caractères s'accomplissent d'une manière
continue et permanente pour arriver à créer des
types variés et pour réaliser un progrès nécessaire
dans les vues du Créateur ; mais nous ne saurions
affirmer que ces divergences de caractères, constituant des espèces, ne se manifestent toujours qu'avec
lenteur en passant graduellement d'une variation à
une autre variation ; tandis que celles que l'homme
obtient par une sélection méthodique et consciente
nous apparaissent souvent d'une génération à l'autre. Nous ferions exception au moins pour les
époques géologiques où se sont opérées de véritables révolutions terrestres, parce qu'alors des
espèces ont pu être créées avec la même rapidité.

C'est probablement par suite de changement de
climat, de température, que des espèces se sont
éteintes, faute de pouvoir résister aux intempéries,
et que d'autres sont survenues ; mais les nouvelles espèces, créées à ces époques troublées, pro-
viennent-elles d'individus d'une autre espèce, qui
aurait échappé à la destruction par la migration ou
par d'autres moyens de se soustraire aux causes de

mort? Nous aimerions à croire, d'après la géologie et la paléontologie, qu'en des temps de cataclysmes ou de révolutions géologiques, les variations dans certaines espèces seraient devenues assez grandes pour changer notablement les caractères, de façon à produire de nouvelles espèces, quoique nous n'en voyons aucune preuve dans les faits qui se passent de nos jours : toutes les espèces, qui sont créées spontanément conservent leurs formes et leurs caractères et ne sont d'ailleurs que des végétaux, le plus souvent des cryptogames, des êtres microscopiques ou des êtres revêtant les formes les plus simples. On peut sans doute faire valoir ici pour empêcher la transformation d'une espèce, les lois qui régissent la génération des êtres par homogénie, et les conditions géologiques et climatériques qui seraient constamment les mêmes ou à peu près.

Il y a aussi cette considération que d'après la concurrence vitale les germes innombrables répandus dans l'atmosphère ou dans l'eau luttant tous pour la vie, doivent l'emporter sur les simples éléments organiques ; la victoire doit rester ordinairement aux plus forts, à ceux qui sont le mieux doués ou qui ont le pas sur les autres.

La stabilité de l'œuvre de la nature est une

preuve de sa perfection ; et il n'est pas donné à l'homme de modifier cette œuvre à sa fantaisie.

De ce que nous ne voyons aucune transformation se produire actuellement dans les êtres inférieurs, ni dans les êtres supérieurs, il n'en résulte pas non plus que des transformations n'aient pu s'accomplir à la longue et dans des circonstances favorables.

Comme le dit Huxley, « il est certain qu'il s'est produit à la surface de la terre une succession d'êtres organisés, différents les uns des autres, non seulement dans le même temps, mais dans la suite des temps ; en sorte que peu à peu le monde organique a offert une série multiple d'êtres organisés selon l'ordre d'une complication croissante. Il n'est pas moins certain qu'un nombre énorme de ces types ont disparu ; leur permanence est donc une fiction et leur reproduction indéfinie dans le même type, ou, selon l'expression de Flourens, leur éternité, une erreur ».

Examinons donc comment ces nombreuse espèces ont pu apparaître.

Nous avons expliqué en commençant cette étude que les transformistes faisaient descendre toutes les espèces les unes des autres, en remontant jus-

qu'à une cellule primordiale dont l'origine serait inconnue. Mais tous les transformistes ne vont pas
jusque-là : il en est qui pensent que tout le règne
animal est descendu de 4 ou 5 types primitifs, de
quatre embranchements, et le règne végétal d'un
nombre égal ou moindre ; ces naturalistes seraient
disposés, il est vrai, en raisonnant par analogie, à
croire que tous les animaux et toutes les plantes descendent d'un seul *prototype :* mais pour eux, l'analogie peut être un guide trompeur et ils s'en tien-
nent à un petit nombre de types primitifs.

Nous avons indiqué, comme cause de création de
nouvelles espèces, les changements subis par le
globe terrestre. Deux théories géologiques ont été
émises pour expliquer ces changements.

1° Celle des catastrophes subites et universelles,
exposée par Cuvier, par suite desquelles les soulèvements et les affaissements auraient détruit chaque fois les êtres contemporains ; de sorte qu'à
chaque révolution la nature aurait été obligée de re-
commencer son œuvre et de fabriquer de nouvelles
espèces pour peupler le globe soudainement boule-
versé.

2° La théorie de l'action lente des causes actuelles
soutenue par sir Charles Lyell, d'après laquelle les

changements survenus dans les temps préhistoriques auraient été l'œuvre des mêmes causes lentes et multiples, qui aujourd'hui encore modifient la surface du globe.

Nous n'admettons pas de révolutions géologiques subites et universelles, si ce n'est avant la constitution d'une croûte terrestre, alors par conséquent qu'il n'existait pas encore d'êtres vivants. Nous sommes sur ce point de l'avis des transformistes, qui considèrent que les causes de bouleversements ont agi à certaines époques avec plus ou moins d'énergie sur des points partiels, en modifiant l'écorce terrestre à la longue et graduellement : de telle sorte qu'il n'y a jamais eu de solution de continuité dans l'évolution des êtres vivants.

D'après la théorie de Cuvier, qui admettrait des bouleversements universels, on serait conduit à la fixité des espèces ; toutes les espèces existantes antérieurement étant détruites, il devait y avoir création d'espèces nouvelles, qui auraient formé chacune une souche particulière : et d'autre part comme la dernière révolution est par hypothèse relativement récente, les espèces n'ont pas eu le temps de subir des variations notables ; et pour ces raisons elles sont restées fixes, descendant chacune d'un

progéniteur distinct. La conséquence forcée de cette
théorie, c'est que chaque progéniteur proviendrait
d'une génération spontanée accomplie d'une manière
ou d'une autre.

La géologie et la paléontologie nous révèlent
l'existence des couches terrestres, attestant les changements partiels survenus à la surface de la terre
et les modifications qui en sont résultées dans les
espèces existantes avant ces changements sur les
contrées ainsi bouleversées ; il est donc incontestable que les espèces ont varié à chaque révolution
géologique.

Pour expliquer la variabilité des espèces, les
transformistes font reposer le changement des caractères sur une sélection naturelle, qui n'est pour
nous qu'une évolution naturelle, tendant à réaliser
un progrès dans l'échelle organique ; mais l'origine
des espèces n'étant basée suivant leur théorie que
sur des variations lentes et continues, il faut pour
la réalisation comme condition nécessaire une longue série de siècles.

Sans rejeter l'influence du temps, nous croyons
qu'il suffit d'un changement notable apporté dans
une contrée de la terre pour faire varier les espèces
qui y vivent, au moins pour les espèces végétales,

les forces créatrices de la nature étant subordonnées
au milieu ambiant, au climat et aux circonstancss
diverses, qui sont une cause de modification dans
les caractères des êtres vivants : un soulèvement ou
un affaissement local détermine des changements
importants dans les terrains ainsi bouleversés.

Pour les formes inférieures que la nature réalise
d'un seul jet, il n'est pas besoin d'un grand nombre
d'années pour les voir apparaître : il suffit d'une
révolution géologique ou même d'un simple changement de climat ou d'une perturbation atmosphérique quelconque.

Quant aux êtres d'une organisation supérieure on
peut supposer avec les perturbations, ou une modification dans les forces créatrices ou un changement
dans les conditions de création de certaines espèces,
de façon à produire une génération d'une nouvelle
espèce par transformation.

Les transformistes prétendent établir la classification des êtres sur leur communauté d'origine,
sur la filiation des espèces, qu'ils croient avoir démontrée. Pour reconnaître cette communauté d'origine ou cette filiation des espèces, ils invoquent les
ressemblances de toutes sortes, les caractères qui
semblent s'être le moins modifiés sous l'influence

directe des conditions de vie auxquelles chaque espèce s'est trouvée récemment exposée, tels que :

1° La constance de structure.

2° Les vestiges de structure primordiale.

3° L'uniformité d'un ensemble de caractères.

4° La chaîne des affinités existante ou retrouvée.

Il nous paraît difficile d'établir sur l'élément généalogique la classification des animaux et bien davantage celle des végétaux, parce que rien ne prouve que telle espèce descende de telle autre ; sans doute la géologie et la paléontologie peuvent fournir à cet égard des renseignements d'ordre chronologique ; mais l'ordre de primogéniture ne peut fonder des bases rationnelles de classement.

L'on compare l'ensemble des êtres organisés à un grand arbre et l'on prétend classer toutes les parties de cet arbre généalogique, en considérant les grosses branches comme les embranchements ; les grands rameaux d'où surgissent des rameaux plus petits marqueraient les familles, les genres et les espèces ; les bourgeons seraient les variétés naissantes destinées à devenir des espèces, puis genres et familles, comme l'ont fait les rameaux d'où ils sortent. Tout cela n'est qu'œuvre d'imagination, et n'a aucun fondement scientifique sérieux.

Tandis que les transformistes attribuent les innombrables variétés, les nombreuses espèces de plantes et d'animaux à des lois telles que la loi de croissance et de reproduction, la loi d'hérédité, la loi de variabilité sous l'action directe ou indirecte des conditions extérieures de la vie et de l'usage ou du défaut d'exercice des organes; nous reconnaissons, nous, comme causes génératrices, les forces créatrices de la nature, agissant suivant ces mêmes lois, qui ne sont que des règles ou des limites dans lesquelles ces forces peuvent s'exercer; et au lieu de faire naître les êtres supérieurs de la guerre que se font les animaux, de la famine, de la rigueur du climat, etc., nous mettons en première ligne l'accroissement progressif des forces de la nature correspondant à l'évolution progressive de notre planète, puis les conditions nécessaires à la manifestation de la vie des êtres formés des éléments organiques sur lesquels agissent les forces de la nature ; et sans faire descendre toutes les espèces animales supérieures d'une cellule primitive ou d'un germe primordial, en nous appuyant sur la géologie et sur la paléontologie, nous admettons, avec les transformistes, qui font dériver tous les êtres de quelques types, que les espèces supérieures actuelles sont le produit de variations et de transformations accomplies successivement avec le temps sur un grand nombre de types originaux.

Darwin examinant les objections qu'on pouvait faire à sa théorie, a reconnu que les difficultés qu'elle présente se résumaient en trois principales : 1° la distribution d'une même espèce dans des aires distantes; 2° la stérilité des premiers croisements entre deux espèces distinctes ou entre les hybrides nés d'un premier croisement : 3° l'absence fréquente de types intermédiaires que suppose la théorie.

1. — Pour la distribution d'une même espèce dans des régions très éloignées et qui se trouvent séparées par un obstacle insurmontable pour certains animaux, tels qu'un bras de mer, une montagne élevée, Darwin suppose qu'il y a eu un soulèvement ou un abaissement du sol, qui a permis à quelques individus de l'espèce, à l'époque glacière ou à une autre époque de franchir cet obstacle. Ainsi pour expliquer la présence insolite d'animaux de l'ancien continent au milieu de la faune propre à l'Amérique, il s'appuie sur la géologie et dit qu'à la place du détroit de Behring, il existait à certaine époque un isthme qui reliait l'Amérique à la Sibé-

rie, que c'est à cette époque que le mammouth sibérien a pu se répandre dans le nord de l'Amérique où l'on retrouve ses ossements. On y trouve également à l'état de fossiles, les espèces communes aux deux mondes, l'ours blanc, le renne, le castor, l'hermine, le faucon pèlerin, l'aigle à tête blanche, etc. ; tandis que les îles océaniques sont dépourvues de mammifères, à l'exception des chauves-souris qui ont pu en volant se rendre dans ces îles. Darwin fait aussi remarquer qu'on n'y voit pas non plus trace de batraciens (grenouilles, crapauds, salamandres), parce que ces animaux n'ont pu y pénétrer, le contact immédiat de l'eau salée les tuant, ainsi que leur frai : et cependant, fait-il observer, le climat leur convient, puisque introduites par l'homme aux Açores, les grenouilles s'y sont multipliées au point d'y devenir un fléau.

Les explications que donne ici Darwin peuvent paraître satisfaisantes : mais elles ne nous démontrent pas la transformation d'une espèce en une autre.

II. — Quant à la stérilité des croisements, Darwin l'explique en supposant que l'embryon meurt dans le sein de la mère, parce que les deux espèces accouplées, par exemple l'âne et la jument, qui ont produit le mulet, étant le résultat de variations accumulées pendant des siècles, il y a lutte ou conflit entre les deux éléments mâle et femelle, qui concourent à la génération ; et ce conflit est nuisible aux évolutions normales de l'embryon ; si d'autre part le premier croisement entre deux espèces distinctes a donné naissance à des hybrides, ceux-ci sont inféconds, parce que les organes sexuels sont altérés, puis parce que les croisements nouveaux ont toujours été faits jusqu'ici entre proches parents. Il dit que c'est un axiôme chez les éleveurs que les alliances entre proches parents diminuent la fécondité : tandis qu'au contraire un croisement avec un autre individu étranger l'augmente. La fécondité n'est pas toujours en rapport avec l'absence de parenté ; et même à ce compte l'union de deux espèces différentes devrait donner des produits plus féconds.

Le lièvre et le lapin produisent aussi par leur union un hybride, le léporide ; à la vérité celui-ci n'est fécond que jusqu'à la troisième génération ; et même à la seconde les léporides ne donnent naissance souvent qu'à des lièvres ou à des lapins ; l'espèce primitive reprend ses droits.

La fécondité existerait cependant pour les hybri-

les de certaines espèces, notamment pour le *chabin*
produit du bouc et de la brebis, indéfiniment fécond ;
pour le métis de la louve avec le chien (voir l'expérience de Buffon). Le chacal avec la chienne, l'alpaca
avec la vigogne et le lama (fait vulgaire au Pérou et
en Bolivie), l'yak avec le zébu, bien d'autres espèces
accouplées peuvent engendrer des métis féconds ;
mais pour la permanence il faut que les métis créés
rentrent dans le plan de la création.

III. — L'absence fréquente de types intermédiaires est contraire aux principes du transformisme. En vertu de ces principes toutes les espèces
provenant de progéniteurs communs, l'on doit trouver dans les couches géologiques des types intermédiaires ou passages d'une espèce existante à une
autre, qui en diffère beaucoup, quoique étant la plus
rapprochée ; et plus les couches sont distantes plus
les types doivent s'éloigner ; réciproquement deux
couches de terrain sédimentaire voisines ou super-
posées doivent présenter des différences moins
grandes entre les types.

Darwin met d'abord en avant la difficulté de
retrouver les fossiles ; puis le peu de renseignements que peut fournir la paléontologie, qui ne fait

que de naître ; mais selon lui les quelques découvertes faites graduellement confirment l'existence
de passages ou types intermédiaires disparus.

Aux partisans de la fixité des espèces et particulièrement à Cuvier. qui allait jusqu'à nier qu'on put
trouver des types intermédiaires aux espèces existantes actuellement, les transformistes répondent
par la découverte de nombreux fossiles. Cuvier sou-
tenait notamment que le mammouth, le mastodonte
et l'éléphant étaient issus de trois couches distinctes
en raison des hiatus qui existaient alors entre eux.
Les découvertes faites en Amérique et dans l'Inde
ont fait voir, comme l'a démontré le Dr Falconer,
qu'entre le mammouth et le mastodonte, on pouvait
compter 26 espèces, que cette intercalation jointe
aux découvertes d'autres types intermédiaires en
Amérique par le Dr Leidy, prouve que ces trois
types, mammouth, mastodonte et éléphant sont
trois jets issus de la même tige.

Dans l'Amérique du nord les ossements recueillis
par M. Hayden ont prouvé qu'entre le cheval domestique et le cheval fossile le plus ancien, se plaçait
une série de dix espèces de chevaux appartenant
aux seules couches tertiaires et post-tertiaires des
États-Unis.

On signale encore les singes, dont on a découvert 15 espèces depuis Cuvier, époque ou aucune découverte de ce genre n'avait été faite. Quoique ces espèces soient mal connues, on conclut néanmoins de ce qu'on possède qu'elles sont des types intermédiaires des espèces vivantes.

A l'occasion des découvertes qu'il a faites à Pikermi en Attique, M. Albert Gaudry, s'exprime ainsi : « Les genres fossiles de Pikermi, loin de s'écarter des types de l'organisation actuelle, participent à la fois aux caractères de genres qui sont aujourd'hui distincts ; ils établissent ainsi des liens plus étroits dans les séries géologiques ».

On cite encore la découverte d'un oiseau gigantesque dans le calcaire de Solenhofen, en Bavière, l'*archeopterix* qui se termine par une queue composée de 22 vertèbres garnies de plumes latéralement ; celle plus récente faite en Amérique d'oiseaux dont les mâchoires sont munies de dents.

Enfin, comme preuve des progrès que fait la paléontologie on constate que la période entre le trias inférieur et le trias moyen, qui était regardée comme une époque de pénurie relative en fait de types organiques, a tout à coup révélé l'existence de 800 espèces environ de mollusques et de rayonnés ; cette découverte d'une faune marine aussi importante a été faite par des géologues cherchant à déterminer la vraie place des couches de Hallstadt et de Saint-Cassian sur le versant des Alpes autrichiennes dans des terrains d'une époque intermédiaire entre le trias inférieur et le trias moyen.

Que conclure de tous ces faits, de toutes ces découvertes ?

Nous voyons que les forces de la nature ont créé de nombreuses espèces, qui ont des caractères communs ou des rapports étroits, ainsi que des variétés infinies. Peut-on supposer, en s'appuyant sur les découvertes des fossiles intermédiaires, que toutes ces espèces descendent les unes des autres, qu'elles ont pour origine un seul type, un générateur unique ou ce qui est plus présumable un petit nombre de types ?

Pour expliquer la génération des espèces animales et végétales, nous ne pouvons nous référer à la théorie biblique, d'après laquelle les espèces sont nées d'un seul jet par la simple volonté du Créateur. Pour les partisans de cette théorie, il a suffi, par exemple, de faire intervenir le souffle divin pour la création de l'homme. La raison d'accord avec la science se refuse à admettre une génération aussi fantastique.

D'autre part nous n'admettons pas plus l'hétérogénie exclusive que l'homogénie exclusive. Nous ne pensons pas que pour les animaux supérieurs chaque espèce provienne d'un type particulier, qui aurait évolué tout d'un jet, sans autres phases transitoires que celles par lesquelles passe l'embryon. De même que nous combattons la doctrine de l'école microbienne, affirmant que tous les êtres ne sont engendrés que par propagation. Comme nous l'avons dit dans l'introduction, le raisonnement des homogénistes ici ne vaut pas mieux que celui qu'on ferait, en prétendant qu'une lumière ne peut être allumée que par une autre, parce qu'on ignorerait les conditions dans lesquelles jaillit l'étincelle soit spontanément soit avec le briquet ou par le choc de deux cailloux.

Si des végétaux d'espèces différentes peuvent engendrer des hybrides par le transport du pollen de l'un sur le pistil de l'autre, ce mode de création tout à fait accidentel n'empêche pas que généralement les espèces végétales naissent spontanément. Tandis qu'il n'en est pas de même des espèces animales supérieures ; celles-ci ne peuvent naître spontanément : l'hybridité est plutôt le mode qui leur soit applicable. Nous avons cité des exemples de changement d'espèces animales par ce procédé, tel que le croisement du bouc avec la brebis donnant pour produit le chabin indéfiniment fécond, quoiqu'au Chili ce métis soit renouvelé pour les besoins de l'industrie à la quatrième génération.

Nous avons expliqué antérieurement que le germe de la plante pouvait se former spontanément par l'association d'éléments minéraux qui sont suffisants pour faire vivre la plante elle-même ; tandis que l'animal ne peut exister qu'au moyen de l'assimilation d'éléments organiques provenant de végétaux ou d'animaux ayant déjà vécu.

De ce que les végétaux seuls peuvent vivre en s'assimilant des corps simples minéraux, nous en avons conclu que seuls ils pouvaient se former spontanément, sans autres éléments que les éléments inorganiques servant à leur constitution.

Nous avons ajouté que si des animaux peuvent naître spontanément, ce ne sont que des animaux tout à fait inférieurs, assimilables aux plantes, et encore faut-il toujours supposer la préformation d'éléments organiques, comme lorsqu'il s'agit de parasites vivant aux dépens de certains êtres, animaux ou plantes.

Pour les espèces végétales et pour les animaux inférieurs on peut donc admettre leur génération spontanée, sans recourir à une autre espèce ; on peut supposer que la force créatrice, attribuée à notre globe a créé par suite de son développement évolutif un nombre infini de cellules germes, formant des espèces, les unes en même temps, les autres successivement, en recourant au même procédé pour chaque espèce, c'est-à-dire en constituant au moyen d'éléments organiques un germe, qui par sa propre évolution, est devenu une espèce, comme aujourd'hui encore la nature crée des êtres microscopiques ou inférieurs sans recourir à d'autres êtres semblables.

Les forces créatrices de la nature, progressant d'une manière lente et continue, agissent dans des conditions variées, dans des milieux différents sur des éléments organiques susceptibles de prendre toutes les formes, qui rentrent dans le plan de la création ; elles créent les plantes comme les corps minéraux, par association ou agglomération de substances diverses (corps simples inorganiques), toujours en observant certaines lois.

Mais comment concevoir que des animaux supérieurs ou même de simples vivipares d'un ordre inférieur, puissent naître spontanément, sans le secours d'autres êtres ? Leur développement embryonnaire ne peut se faire que dans certaines conditions, dans des organes génitaux dont ils puissent sortir tout vivants ; à ce moment même ils ne peuvent encore se procurer leur nourriture par eux-mêmes : ils ont besoin d'une alimentation particulière qui leur est donnée par leurs parents habituellement : l'allaitement des jeunes mammifères, par exemple, est indispensable : au surplus ils ne peuvent vivre sans aliments provenant de végétaux ou d'animaux ayant déjà vécu ; on ne peut donc admettre que les animaux supérieurs sont nés spontanément en dehors de tout être semblable ou s'en rapprochant sous certains rapports.

En se référant à la géologie et à la paléontologie il est acquis que les espèces animales et végétales se sont modifiées surtout à chaque révolution géologique, c'est-à-dire avec les modifications apportées dans la croûte terrestre.

Ainsi l'on constate que depuis la période azoïque jusqu'à l'époque quaternaire, la faune et la flore ont changé à chaque période géologique ; probablement ces changements n'ont pas eu lieu brusquement, mais avec la même lenteur que se sont effectués les changements opérés à la surface du globe.

Dans la période azoïque, on ne voit pas encore

d'animaux ; à peine quelques végétaux apparaissent sous les formes les plus simples.

Dans la période paléozoïque, c'est une flore bien peu variée et une faune dont les animaux présentaient une forme tout à fait anormale ; ce sont des trilobites, graptolites, céphalaspis, ganoïdes cuirassés ; on constate la prédominance des poissons, la rareté des reptiles, l'absence complète des mammifères et même des oiseaux.

A l'époque silurienne on remarque, comme le dit Agassiz, des poissons accusant leur âge embryonnaire : le corps au lieu de vertèbres avait une corde dorsale gélatineuse, le crâne un développement incomplet, etc.

Dans les terrains carbonifères, on ne trouve pas plus d'oiseaux que de mammifères ; on conteste même l'existence des reptiles qui n'auraient apparu avec certitude que dans le terrain houiller.

Dans l'âge secondaire ou période mésozoïque les formes changent ; les types des êtres qui étaient conservés disparaissent bientôt ou sont notablement modifiés : les bélemnites et les grands reptiles sont apparus, puis des oiseaux dont les mâchoires étaient munies de dents.

Enfin pendant la même période mésozoïque, on

8.

constate l'apparition de quelques mammifères ;
c'était des insectivores ou des rongeurs, dont la
taille ne dépassait pas celle du hérisson ou du putois (série des marsupiaux qu'on ne trouve plus
qu'en Australie).

A l'époque crétacée, la faune et la flore, tout en
conservant dans leur ensemble l'aspect des types
mésozoïques, présentent quelques formes qui persisteront durant la période néozoïque ou tertiaire et
même jusqu'à notre époque, sans modification marquée ; ce sont de vrais crocodiles, des poissons de
la famille des saumons, et de celle des perches, de
nombreux requins carnassiers semblables à ceux
de nos jours, mais se mélangeant à des requins
herbivores de la famille des cestraciontes.

D'autre part la famille des ammonites acquiert
une richesse de formes exceptionnelles. On n'en
voit plus aucun représentant durant l'âge tertiaire ;
les autres classes de mollusques tendent au contraire
à ressembler à celle de la période actuelle.

C'est dans la période néozoïque que les mammifères prennent un plus grand développement et
viennent occuper la place des reptiles. On voit
apparaître les pachydermes et les ruminants ; c'est
le règne des *ongulés*.

Durant l'âge tertiaire, il existe un grand nombre de genres et d'espèces d'ongulés ; les types sont plus nombreux et se relient entre eux par une foule d'intermédiaires. A l'époque actuelle il y a peu d'espèces d'ongulés et pour la plupart sans aucun lien avec les animaux voisins.

La famille des tapirs qui pullulaient n'est plus représentée de nos jours que par deux espèces ; le tapir des Indes et le tapir d'Amérique.

Le tapir paraît être l'ancêtre du cochon qui lui ressemble.

Pour établir la filiation des équidés, dont le cheval est aujourd'hui le représentant, les anthropologistes se fondent notamment sur la structure du membre inférieur et sur la chronologie ; ils invoquent la géologie et la paléontologie. s'appuyant sur les faits suivants :

Le paléothérium de la famille du tapir avait le pied terminé par trois doigts ; il a vécu depuis l'époque éocène moyen jusqu'au miocène inférieur.

A partir de cette époque il a disparu et a été remplacé par l'anchythérium ; cet animal, qui avait des formes moins massives. a vécu lui-même jusqu'au miocène supérieur ; son pied avait encore trois doigts touchant le sol, mais les deux doigts latéraux étaient devenus très grêles.

L'anchythérium a fait place à l'hipparion, qui a vécu depuis le miocène supérieur jusqu'au pliocène supérieur. L'hipparion a des formes encore plus élancées et les doigts latéraux sont si petits qu'ils restent suspendus sans toucher la terre ; ils ne remplissent plus de fonction.

A partir du pliocène supérieur, on voit apparaître le cheval existant à l'époque quaternaire. Le pied du cheval n'a plus qu'un seul doigt, qui est le sabot ; les vestiges des deux doigts latéraux de ses ancêtres ne sont plus représentés que par deux os grêles à l'extrémité supérieure, lesquels atrophiés se soudent avec l'os du pied, comme étant devenus complètement inutiles à la marche.

Il semble en effet résulter de ces faits que les hipparions animaux essentiellement coureurs et terrestres sont bien les descendants du paléothérium et les ancêtres du cheval.

Le tapir et le cheval formant aujourd'hui deux types distincts, étaient reliés entre eux par des espèces de mammifères intermédiaires ; il en était ainsi entre les hipparions et les rhinocéros de cette époque, qui étaient aussi des ongulés à doigts impairs ; des intermédiaires les reliaient entre eux.

Parmi les mammifères marins on voit apparaître alors les phoques, les dauphins, les baleines.

Les singes qui remontent à l'époque miocène, sont en grand nombre à l'époque néozoïque. On compte de nombreuses variétés : ils diffèrent selon les pays où ils ont pris naissance ; les singes d'Amérique ne ressemblent pas à ceux de l'ancien continent : « il y a même plus de différence, a dit Huxley, entre les singes inférieurs et les singes anthropomorphes qu'il n'y en a entre ceux-ci et les hommes inférieurs, tels que les Fuégiens, les Australiens, les Tasmaniens, etc. ».

La ressemblance de l'homme avec les singes anthropomorphes est bien plus accusée, si l'on se reporte aux découvertes faites dans quelques couches du terrain diluvien. L'on cite quelques restes humains trouvés à l'état fossile dans des terrains tertiaires ; d'après la forme des os on a pu reconstruire la musculature et même les traits probables du visage de l'homme de cette époque ; cet homme, dont l'aspect rappelle celui de quelques races sauvages d'Afrique et d'Australie citées ci-dessus, semble être un intermédiaire entre le singe anthropomorphe et l'espèce humaine actuelle. D'après les objets qui l'entouraient on suppose qu'il savait faire du feu, fabriquer des haches, des couteaux et des poinçons; ce qui prouve que son apparition remonte beaucoup plus haut; car il avait alors accompli un progrès notable sur l'homme primitif, à peine tiré de l'animalité.

Au midi de l'Afrique, par exemple, plusieurs peuplades sauvages paraissent être les descendants directs de l'intermédiaire dont il s'agit : nous ne parlons pas seulement du Hottentot, qui est pourtant bien loin de notre civilisation, mais surtout d'une peuplade voisine, du Bushman, être rabougri et à la face simiesque, se nourrissant de racines sauvages, de graines, de plantes, de sauterelles, même de serpents et d'oiseaux de proie, n'ayant aucune notion d'agriculture, ni village, ni hutte, couchant sous des buissons qu'il courbe en dômes pour se garantir des pluies et des vents ; vivant à proximité des fauves les plus redoutables, dans un état de nudité presque complet.

Ces sauvages forment des hordes errantes, sans discipline, ni chef, n'ayant ni fétiche, ni dieu d'aucune sorte, et ne communiquant jamais entre elles.

En Océanie il existe de nombreuses peuplades, qui sont au même point que les Bushmans d'Afrique. Les uns et les autres, quoique mis en contact avec des gens de notre civilisation, restent toujours à peu près dans le même état d'infériorité.

Tous ces sauvages ressemblent plutôt à l'homme trouvé à l'état fossile dans le terrain diluvien, qu'aux squelettes humains découverts à Cromagnon, qui étaient peut-être les premiers chasseurs ayant quelque aptitude artistique ; en tous cas on ne saurait les comparer aux hommes de l'âge de la pierre polie, fabriquant des outils, des armes et même des poteries.

L'homme de notre race a dû traverser ces trois périodes avant d'atteindre l'époque de l'invention de l'écriture, c'est-à-dire l'époque historique.

Mais entre chacune de ces périodes, suivant les géologues, il s'est écoulé non pas 6 ou 7,000 ans, mais des millions d'années. La lenteur, avec laquelle se forment les couches terrestres, nous conduit a affirmer que l'apparition de l'homme sur notre globe, remonte à des temps fort reculés, qui lui ont permis de se dégager lentement de l'animalité.

Cette origine animale est attestée par l'existence actuelle en certaines contrées de races humaines se rapprochant des singes anthropomorphes sous le rapport physique, comme sous le rapport intellectuel.

Par ce que nous venons de rappeler, on voit que la faune, en se modifiant, a accompli un progrès à chaque révolution géologique, que ce progrès n'a pas été le même partout. Mais ce ne sont pas seulement les espèces animales qui ont progressé, les végétaux se sont également modifiés, multipliés et améliorés, en présentant les espèces les plus variées, les plus jolies, les plus odoriférantes.

Ces dernières espèces ont-elles pu se produire par des éléments organiques, qui auraient trouvé dans le sein de la terre des substances nutritives plus parfaites, de manière à leur faire prendre de nouvelles formes, comme le concevait Cl. Bernard ? Cela est probable. En tout cas le progrès et la variété que nous constatons nous autorisent à affirmer que tout se réalise suivant un plan préconçu.

Si les espèces végétales les plus récemment apparues ne proviennent pas d'autres espèces antérieures, on est forcé de supposer qu'elles sont nées spontanément, à la suite des changements qui se sont opérés à la surface de notre globe lors des révolutions géologiques ; ce que nous croyons avoir suffisamment établi précédemment.

Nous ajoutons que par similitude les animaux inférieurs, qui sont comme les plantes à peu près dépourvus de sensibilité consciente, auraient également pour origine une génération spontanée.

Bien plus, nous pensons que non seulement les espèces végétales et même des espèces animales inférieures ont dû se produire spontanément, mais qu'aujourd'hui encore il en peut être de même dans des conditions favorables pour beaucoup de ces espèces, ainsi que nous avons essayé de le démontrer.

Quant aux animaux supérieurs, en raison de l'impossibilité qui existe tant pour leur constitution fœtale que pour leur première alimentation en dehors de toute espèce animale, il paraît plus rationnel d'admettre, au moins comme hypothèse, la création de ces espèces animales par voie de transformation ; la théorie du transformisme serait ainsi appliquée dans une mesure raisonnable. Il est présumable en effet que les espèces animales, après avoir donné naissance à un nombre infini de variétés, ont subi en temps de cataclysme ou de révolution géologique des changements, tels que de nouvelles espèces ont été engendrées. Bien entendu ces espèces nouvelles ne pourraient elles-mêmes être modifiées aujourd'hui que dans des circonstances exceptionnelles. Tout cela du reste n'est que la réalisation du plan de la création.

Il n'y a pas qu'un seul mode de génération des êtres. De même que la nature a recours à plusieurs procédés pour la propagation des espèces par homogénie, puisque indépendamment de la reproduction par graines, spores ou ovules, c'est-à-dire par oviparité, il y a deux autres modes de génération, d'extension, la scissiparité et la gemmiparité s'appliquant aux animaux inférieurs et aux plantes ; de même pour la création des espèces la nature peut employer plusieurs modes ; c'est ainsi qu'indépendamment de la génération spontanée pour les espèces inférieures, il y a l'action lente et continue qu'exerce la force créatrice sur les espèces supérieures pour obtenir par l'hybridité ou autrement des changements de caractères assez accusés pour produire de nouvelles espèces animales ; ce dernier mode de création est ce qu'on peut appeler l'*évolution progressive* des espèces ; il s'effectue de façon à réaliser un progrès également lent et continu dans la multiplication et l'amélioration des êtres vivants, parallèlement à l'accroissement de la force créatrice et aux changements de l'écorce terrestre.

De même que la constitution préalable d'un élément organique est nécessaire pour former un germe d'une espèce végétale ou animale inférieure ; de

même il faut la constitution préalable d'un animal
jouissant de la sensibilité consciente pour créer une
espèce animale supérieure.

Par ces considérations, comme conclusion, tout
en admettant la génération spontanée pour la création des espèces végétales et pour les animaux tout
à fait inférieurs, assimilables aux plantes, ne jouissant pas beaucoup plus qu'elles de la sensibilité
consciente ; nous adhérons à la théorie du transformisme, dans certaines limites, pour les animaux
supérieurs, au moins comme l'hypothèse la plus satisfaisante.

Nous voyons ainsi dans la création des espèces
une échelle constamment ascendante, quoique certains types conservent leurs caractères primitifs ou
même ne les modifient qu'en rétrogradant ; ce qui
produit la plus grande variété dans notre monde
terrestre.

Nous avons exposé consciencieusement les raisons que l'on a fait valoir en faveur du transformisme. Nous avons rejeté celles qui nous ont paru n'a-
voir aucune valeur, prouvant par là que nous
n'avions pas de parti pris à l'avance, que notre seul
guide était la recherche de la vérité. Des motifs

d'un autre ordre nous ont conduit à adopter le principe de la théorie partiellement, sans déroger à la théorie de la génération spontanée, considérant au contraire qu'il existe deux modes de création des espèces, comme il existe trois procédés de propagation des individus. Si ce n'est pas vrai c'est au moins vraisemblable.

En résumé nous croyons avoir démontré que les forces créatrices de la nature s'accroissent ou se modifient avec les changements progressifs de l'écorce terrestre, que les plantes et les animaux se sont successivement améliorés comme espèces, que les végétaux ont pour origine une génération spontanée, ainsi que les animaux inférieurs. Quant aux animaux supérieurs, nous pensons, avec les transformistes, qu'ils ont subi avec le temps des variations, telles qu'il en est résulté de nouvelles espèces par transformation, le tout pour la réalisation du plan de la création.

HAVRE. — IMPRIMERIE DU COMMERCE, 3, RUE DE LA BOURSE.

LIBRAIRIE J.-B. BAILLIÈRE ET FILS

BALFOUR (F.). — **Traité d'embryologie et d'organogénie comparées**, 1883-85, 2 vol. in-8, ensemble 1351 pages, avec 740 fig...... 30 fr.

BEAUNIS. — **Nouveaux éléments de physiologie humaine** comprenant les principes de la physiologie comparée et de la physiologie générale, 1888, 2 vol. gr. in-8, avec 513 fig.................... 25 fr.

BERNARD (CLAUDE). — **Leçons sur les phénomènes de la vie communs** aux animaux et aux végétaux, 1879-1885, 2 vol. in-8, avec 4 pl. coloriées et fig.................... 15 fr.

BREHM. — **Les merveilles de la nature : l'homme et les animaux.** Description populaire des races humaines et du règne animal. Caractères, mœurs, instincts, habitudes et régime, chasses, combats, captivité, domesticité, acclimatation, usage et produits, 9 vol. in-8, de chacun 800 p. avec 3000 fig. et 176 pl. sur papier teinté.................... 99 fr.

    Chaque volume séparément, broché.................... 11 fr.

    Les Races humaines et les Mammifères, 2 vol. — Les Oiseaux, 2 vol. — Les Reptiles et les Batraciens, 1 vol. — Les Poissons et les Crustacés, 1 vol.— Les Insectes, 2 vol. — Les Vers, les Mollusques, 1 vol.

BROCCHI (P.). — **Traité de zoologie agricole et industrielle** comprenant la pisciculture, l'ostréiculture, l'apiculture et la sériciculture, 1886. 1 vol. gr. in-8 de 984 pages, avec 603 figures, cartonné.................... 18 fr.

CHATIN (JOANNÈS). — **Les organes des sens** dans la série animale. Leçons d'anatomie et de physiologie comparée, 1880, 1 vol. in-8.................... 12 fr.

COLIN (G.). — **Traité de physiologie comparée des animaux**, considérée dans ses rapports avec les sciences naturelles, la médecine, la zootechnie et l'économie rurale, 1886-1888, 2 vol. in-8 avec 261 figures... 28 fr.

FOLIN (marquis de). — **Sous les mers.** Campagnes d'explorations du **Travailleur** et du **Talisman**, 1887, 1 vol. in-16 de 340 pages avec 45 figures (Bibliothèque scientifique contemporaine)...................... 3 fr.

FREDERICQ (L.). — **La lutte pour l'existence** chez quelques animaux marins, 1889, 1 vol. in-16 de 287 pages avec fig.............. 3 fr. 50

GIROD (PAUL). — **Manipulation de zoologie.** Guide pour les travaux d'histologie animale, 1887, 1 vol. gr. in-8 comprenant 100 pages, avec 23 pl............ .... 10 fr.

GODRON. — **De l'espèce et des races dans les êtres organisés** et spécialement de l'unité de l'espèce humaine, 2 vol. in-8.............. 12 fr.

HUXLEY (TH.). — **Les sciences naturelles** et les problèmes qu'elles font surgir, in-18 jésus de 501 pages.................... 3 fr. 50

JOURDAN (ET.). — **Les sens chez les animaux inférieurs**, 1889, in-18 avec 48 fig.................... 3 fr. 50

MONIEZ (L.). — **Les parasites de l'Homme** (animaux et végétaux), 1889, 1 vol. in-16 de 307 pages avec fig.................... 3 fr. 50

PERRIER (ED.). — **Le transformisme.** 1888, 1 vol. in-16 de 320 pages avec 100 fig. (Bibliothèque scientifique contemporaine)........ 3 fr. 50

SICARD (H.). — **Éléments de zoologie** par Henri SICARD, professeur à la Faculté des sciences de Lyon, 1883, in-8 de XVI-842 p. avec 758 figures, cart.................... 20 fr.

HAVRE. — IMPRIMERIE DU COMMERCE, 3, RUE DE LA BOURSE.